中华海洋美食

THE SEAFOOD OF CHINA

杨立敏 ◎ 主编

文稿编撰/徐颖颖　图片统筹/徐颖颖

中国海洋大学出版社
CHINA OCEAN UNIVERSITY PRESS

"舌尖上的海洋"科普丛书

总主编　周德庆

编委会

主　任　杨立敏

副主任　周德庆　李夕聪　魏建功

委　员　(以姓氏笔画为序)

王珊珊　邓志科　朱兰兰　刘　楠

李学伦　李建筑　赵　峰　柳淑芳

总策划　杨立敏

执行策划　李夕聪　邓志科

总序

　　百川归海，潮起潮落。千百年来，人们在不断探求大海奥妙的同时，也尽享着来自海洋的馈赠 —— 海鲜美食。道道海鲜不仅为人类奉献上了味蕾的享受，也提供了丰富的营养与健康的保障，并在人类源远流长的饮食文化长河中熠熠生辉。

　　作为人类生存的第二疆土，海洋中生物资源量大、物种多、可再生性强。相关统计显示，目前全球水产品年总产量 1.7 亿吨左右，而海洋每年约生产 1 350 亿吨有机碳，在不破坏生态平衡的情况下，每年可提供 30 亿吨水产品，是人类生存可持续发展的重要保障。海鲜则是利用海洋水产品为原料烹饪而出的料理，其味道鲜美，含有优质蛋白、不饱和脂肪酸、牛磺酸等丰富的营养成分，是全球公认的理想食品。现代科学也证实了牡蛎、扇贝、海参、海藻等众多的海产品，除了用作美味佳肴外，也含有多种活性物质，可在人体代谢过程中发挥重要作用。早在公元前三世纪的《黄帝内经》中，便有着我们祖先以"乌贼骨做丸，饮以鲍鱼汁治血枯"的记载；此外，在我国"药食同源"传统中医

理论的指导下，众多具海洋特色的药膳方、中药复方等在千百年来人们的身体保健、疾病防治等方面起到了不可替代的作用，因而海产品始终备受众多消费者青睐。

海洋生物丰富多样，海鲜美食纷繁多彩。为帮助读者了解海洋中丰富的食材种类，加强对海产品营养价值与食用安全的认识，发扬光大海洋饮食文化，由中国水产科学研究院黄海水产研究所周德庆研究员担当，带领多位相关专家及科普工作者共同编著了包括《大海的馈赠》《海鲜食用宝典》《中华海洋美食》和《环球海味之旅》组成的"舌尖上的海洋"科普丛书。书中精美绝伦的插图及通俗流畅的语言会使博大精深的海洋知识和富有趣味的海洋文化深深印入读者的脑海。本套丛书将全面生动地介绍各种海鲜食材及相关饮食文化，是为读者朋友们呈上的一道丰富的海洋饮食文化盛宴。

"舌尖上的海洋"科普丛书是不可多得的"海鲜食用指南"科普著作，相信它能够带您畅游海洋世界，悦享海鲜美味，领略海洋文化。很高兴为其作序。

中国工程院院士

前言

　　中国海洋饮食文化历史悠久，海陆相承，南北各异，博大精深。

　　靠海为生的沿海居民是海洋饮食文化的主体。海滨先民在农耕文化的基础上，将渔猎文化传向后世。从原始社会的贝丘遗址和渔猎工具的出现，到海鲜菜品、美食不断推陈出新，源远流长的中国海洋饮食文化，既是沿海居民所享受的来自海洋的馈赠，也是劳动人民智慧与汗水的结晶。

　　中国拥有绵长的海岸线，从近海渔猎到远洋捕捞，勤劳勇敢的渔民是海洋饮食文化的创造者。

　　在中国沿海，由南至北、因时因地分布着各类海洋生物，海洋物产与地方饮食适度融合，一道道海鲜美食因此诞生。

　　中国地域广阔，海洋饮食地域特点鲜明。闽粤地区的粤菜、闽菜独具海味，古老的疍民饮食、福建食鱼丸的风俗等

延续至今。广袤富饶的吴越地区，以渔猎文化著称，记载美食的书籍众多。在吴越沿海，鲜气扑鼻的徐海菜、精致灵动的海上浙菜、海纳百川的上海味道等都以不同的形式诉说着吴越的海上味道。齐鲁地区的鲁菜居我国"八大菜系"之首，海鲜美食自然也不在话下。齐鲁沿海地区的海洋味道，既传承了宫廷美食的精细，又包含了海鲜小食的人间烟火气。在海洋饮食文化上燕赵古地也别有一番风情，京津菜、辽宁菜、河北菜相对其他菜系呈现出兼容并包的气象。长山群岛食海鸟蛋的传说、辽南鱼羹的故事等以食俗的形式展现了海洋饮食文化的趣味与魅力。

　　古老的海洋文明孕育了深邃的海洋饮食文化，独具地域特色的海鲜美食代代相传。每一道美食都凝结了渔民的汗水与厨师的技艺，中华海洋美食在其鲜味的背后承载的更是中华海洋人文的味道。

中华海洋美食
THE SEAFOOD OF CHINA

目录
CONTENTS

▲ 福建东山岛

闽粤篇
MINYUE DISTRICT

史说海食遗迹

　　闽粤是我国东南沿海一带福建、两广、海南、港澳台地区的统称。自古以来闽粤就以渔猎文化著称。生猛海鲜是闽粤人的家常菜。从远古的贝丘遗址到近代西化海味，其异彩纷呈的海洋饮食文化在中华饮食文化史上占据着重要地位。

闽粤原始贝丘遗址

　　闽粤一带受亚热带季风气候和热带气候的影响，再加上毗邻东海和南海，海洋性气候特征明显，降水量充沛，动植物品种丰富，农作物熟制时间较短。我国的南海沿岸渔场和北部湾渔场都分布于此，渔获量大。闽粤地形以丘陵山地为主，沿海居民的食物除了稻米外，还有通过打鱼获取的海产。

　　从原始社会开始，闽粤地区渔猎活动就得以发展，考古上多种贝丘遗址的发现可佐证。这些遗址分布在东南沿海一带的福建、广东、广西和海南等地区。

　　福建沿海居民自古以来靠海而居，据《山海经·海内南经》记载："瓯居海中。闽在海中，其西北有山。一曰闽中山在海中。"福建贝丘遗址分布较多，其中的壳丘山遗址历史最为久远，距今 6000 ～ 5500 年，位于福州市平潭县平原镇南垄村。在考古挖掘中发现了兽骨、贝壳、鱼骨、须鲸颌骨等，从遗迹中清理出的贝壳有 20 余个，主要有丽文蛤、褶牡蛎、海蚬等种类，另外还有石斑鱼等痕迹。壳丘山遗址沿海的先民以采集贝类为食，且渔捕范围可能已经向远海拓展。

昙石山文化遗址，是福建另外一处具有典型海洋贝丘文化特征的遗址，位于福建省闽侯县闽江北岸昙石村旁，距今 5000 ～ 4300 年。在遗址中，贝壳居多。其中的蛤蜊皮堆积成的贝壳遗存厚达一米多，除了蛤蜊，还有牡蛎、魁蛤、小耳螺等。从出土的刀状和铲状的贝壳可看出，远古先民不仅食用贝类，而且把贝壳磨制成了生产工具。另外，还出土了一种烹饪食器，叫作"陶釜"，沿海先民用它来烹煮海鲜。

说完福建，再说广东。

罗定下山洞遗址是位于广东罗定市苹塘镇周沙村的贝丘遗址，属于旧石器时代晚期的考古遗存，在遗存中发现诸多动物的骸骨和不少被砸碎的蚌壳。

阳春独石仔遗址位于广东省阳春市，是一处旧石器时代向新石器时代过渡时期的遗存，文化遗物种类丰富，可分为两期。两期的考古挖掘中都有贝壳的出现，特别在第二期的考古遗存中发现诸多螺、蚌壳和兽骨。贝类有多种，如圆田螺、大川螺、蚌等。蚌壳经过打磨制成的切割器清晰可见。在螺类的遗存中多见螺底部被敲碎的裂痕，也许沿海先民通过敲碎底部来吮吸其中的美味，说明他们当时就积累了食用海鲜的生活经验。

▲ 鲤鱼墩贝丘遗址

位于广东英德市云岭镇狮石山南麓的英德牛栏洞遗址，距今 11000 ～ 8000 年。该遗址是岭南地区最早发现稻米的地方，且有大量的贝类物种的痕迹。位于湛江湾北部的鲤鱼墩遗址，也是广东典型的贝丘遗址，在遗址的挖掘中发现堆积的大量贝壳，还有用贝壳穿成的饰物挂件。某种意义上说，海产贝类在解决沿海先民饮食问题的同时，也丰富了他们的日常生活。

◀ 鲤鱼墩记碑文及出土的贝壳

珠江三角洲的咸头岭遗址是闽粤贝丘文化的另一典型代表。咸头岭遗址位于广东省深圳市龙岗区大鹏街道咸头岭村，距今 7000 ～ 6000 年，独特的地域条件形成了显著的海洋性文化。咸头岭遗址山环水绕，这里海岸坡度较缓，适合近海捕捞，先民靠水而居，通过渔猎获取食物。

除了福建和广东，广西也有不少贝丘遗址。

广西有典型的海滨贝丘遗址，以海生物种的硬壳堆积为主要特征。最显著的有三处：亚菩山遗址、社山遗址、马兰嘴遗址。这些遗址都有堆积的贝壳，贝类主要有牡蛎、文蛤、魁蛤等。先民"靠海吃海"的习性在原始社会就已形成，并流传至今。

最后，还要说一说海南的贝丘遗址。从 10000 多年前的落笔洞遗址，可以看出沿海先民在得天独厚的自然条件下所创造的悠久的海洋文化。

海南贝丘遗址出现最早的旧石器遗址 —— 落笔洞遗址，又称为"三亚人遗址"，是海南海洋文化的源头。从考古遗存中发现诸多生物的遗迹，水生生物有 24 种，螺贝数量 7 万有余。从发掘情况来看，远古三亚人主要从事采集、狩猎、捕捞的生产活动。除此之外，桥山、英墩、莲子湾等新石器时代遗址都具有海洋文化特征。

▲ 海南落笔洞遗址

▲ 英墩遗址是一处新石器时代的沙堤遗址，也是贝丘遗址

在英墩遗址采集的鱼骨串饰 ▶

中华海洋美食
THE SEAFOOD OF CHINA

史籍中的闽粤饮食

原始社会之后，随着生产力水平的不断提高，闽粤沿海渔民海上打鱼的范围不断扩大。历代文献对海产食用的记载较为多见，从三国至近代关于海洋美食的著述随着饮食风尚的盛行不断增多。

三国时期沈莹撰写的《临海水土志》中提到的"夷洲"是历史上对我国台湾最早的记述，说到夷洲人用盐腌制生鱼食用，原文记载：

夷洲在临海东南，去郡二千里，土地无雪霜，草木不死。四面是山溪……其地亦出铜铁，唯用鹿觡为矛以战斗耳。磨砺青石以作矢镞、刀斧，环贯、珠珰珰，取生鱼肉杂贮大瓦器中，以盐卤之，历月余日乃啖食之，以为上肴也。

晋代张华所撰《博物志》：

东南之人食水产，西北之人食陆畜。食水产者，龟、蚌、蛤、螺以为珍味，不觉其腥臊也。食陆畜者，狸、兔、鼠、雀以为珍味，不觉其膻也。有山者采，有水者渔。

文中记载东南一带盛产水产，主要是龟、蚌、蛤、螺等，先民食用这些水产，并不觉得其有腥味，也许他们已经掌握了为水产去腥的技巧。

"靠海吃海"的闽粤人，擅长制作舟楫，善于航海。汉时淮南王刘安的《谏伐闽越书》提到：

臣（淮南王刘安）闻越非有城郭邑里也，处溪谷之间，篁竹之中，习于水斗，便于用舟，地深昧而多水险，中国之人，不知其势阻而入其地，虽百不当其一。

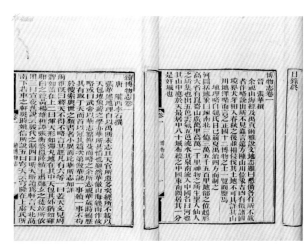

《博物志》书影 ▶

泉州和广州在古代都是重要的海上港口。这些港口是海外贸易门户，食材也呈现出异域风情。元代大德《南海志》记载：

广东南边大海，控引诸蕃，西通牂牁（音 zāng kē），接连巴蜀，北限庾岭，东界闽瓯。或产于风土之宜，或来自异国之远，皆聚于广州。所以名花异果、珍禽奇兽、犀珠象贝，有中州所无者。

宋代的《三山志》是专门介绍福建福州的自然、社会、人文、物产各方面的著作。

而（陈）傅又云："长乐（福州古称长乐郡）地产鱼蟹多于牛羊，葛枲溢于丝纩。"是其所独盛也欤！然求之十二邑，又有不能尽宜者。潮田不出倚郭三县，荔枝、末丽不能及陀骊以北、汤背以西，鱼、蟹滨海，而葛、枲利于平陆。如是之类，不可以无纪。"

《三山志》中记载的鱼、虾、蟹、贝等水族种类繁多，如鲻鱼、石首鱼、比目鱼、乌鱼、牡蛎、蚬、海月、蛏、乌粘、石华、石榼、螺等。

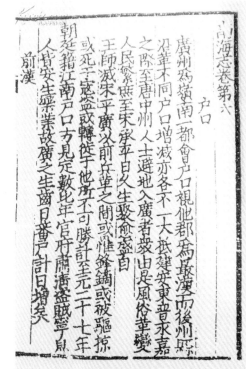

▲《南海志》书影

中华海洋美食
THE SEAFOOD OF CHINA

　　明清实行海禁政策后，政府限制了海外贸易。清代只开放了广州十三行，作为海外贸易的窗口。广州十三行在海外贸易上发挥了重要作用，也使得海味在广州的市场上更为多见。广州有一条历史久远的"海味街"，在《广东城防志》中记载：

　　卢邦杰，字伯才，顺德龙山乡人。道光甲午科举人，官内阁中书，加侍读衔。能急公好义，藏彝器书画甚夥，居会垣海味街。光绪初年毁于火，人皆惜之。

　　书中借谭敬昭的《听云楼集·燕窝》诗作解释，原诗云："列廛珠桥市，杂沓海味街。索价相什伯，献新殊菜鲑。"

　　作者称当时的海味街为"海物市肆"，是海产品交易的市场。海味街上中外海鲜名品云集，如日本干贝、墨西哥鲍鱼、东南亚鱼翅等。

▲ 海味街

　　近代以来，随着鸦片战争的爆发，中国被迫向列强打开了大门。东南沿海一带是西方列强最先入侵的地方，逐渐出现西式饮食文化的影子。特别是在香港地区，西餐厅里的环境和格调吸引着众多食客到此品尝美食。芝士焗生蚝、香煎三文鱼、蒜蓉焗大虾等，都是适合东方人口味的海鲜珍品。

"水上居民"疍民的饮食

从历史角度探索闽粤海洋饮食文化，就不得不提到水上居民 —— 疍民的饮食。

在闽粤沿海有一群特殊的水上居民，称作"疍民"。在周致中的《异域志》中就有关于疍民的记载：

今广取珠之蜑户是也，蜑有三：一为鱼蜑，善举纲垂纶；二为蚝蜑，善没海取蚝；三为木蜑，善伐木取材。蜑极贫，皆鹑衣，得物米，妻子共之。

中华书局点校本注释：

蜑亦作蜑，旧称疍民，居于广东、福建、广西沿海、沿海港湾和内河上，现改称"水上居民"。

在两广、福建、海南都有疍民的生活痕迹。历史上的疍民是"被遗弃者"，直到新中国成立后疍民才真正过上稳定的生活。疍民依水而居、靠水而生，海上捕捞是疍民的主要谋生手段。在饮食上，以海产为主食，以米面为辅食。清代诗人黄钊在《赴潮阳舟中作》的诗篇中，描述了疍民的饮食状况。

烟畦潮港接呕哑，橘柚乡中聚蜑家。

海户鱼羹烹紫菜，江村蟹市趁黄花。

随着人们饮食需求的不断增长，疍民的饮食风格也从海产为主向时蔬畜肉多元转变。渔民在市场上，用采集的海产换取其他食材，如今的疍民饮食与陆上居民几乎无异。

闽粤食海鲜的历史久远。从原始社会的贝丘遗址，到史籍中的确切记载，再到近代海鲜的西餐化……从古至今，闽粤以其独特的地域条件和适宜的生态环境，向世人呈现着海鲜珍品的发展变迁。没有先民的最初尝试，就不会有今日海鲜名品的洋洋大观；没有渔民的辛勤智慧，食客就难以品尝到海珍品的鲜美。每一种海鲜食材似乎都在诉说着海洋的魅力、渔民的智慧以及人与海洋的融合。在一定意义上说，东南沿海地域的开阔，催生出闽粤人敢于探索、敢于创新的精神品格。闽菜、粤菜多姿多彩，在我国八大菜系中将海洋的特性展示得淋漓尽致。

中华海洋美食
THE SEAFOOD OF CHINA

话说闽菜和粤菜

　　闽粤，饮食风尚历史悠久。闽粤毗邻海洋，闽菜和粤菜在饮食风味上都以烹制海鲜见长。闽菜文化是由中原汉族饮食文化和古越族饮食文化融合而成；粤菜起源较早，历史上朝廷派遣北方的官员来管辖此地，进而将北方的饮食也带入其中。总之，以海鲜见长的闽菜和粤菜是多地融合而又不失特色的海洋美味。

福佬民系的闽菜

　　闽菜以福建的福州菜、厦门闽南菜、泉州闽西菜为代表。地处我国东南沿海的福建，自然资源丰富，海产品种类繁多，海参、蛏子、黄鱼等产量颇丰。菜品的制作以烹制海鲜为主，长于煲汤，善于将食材的鲜味由内而外以鲜汤呈现出来。闽菜以清新、淡雅、鲜淳著称，在烹制海鲜上以鲜香、酸甜咸为主，注重保留海产品的鲜味。闽菜善刀工，讲究刀法与食材的有机结合，俗语称"切丝如发、片薄如纸、剞花如荔"。

　　在饮食上，福佬民系的闽菜集合了北方的浓重和海洋的鲜味，在菜式上将融合的鲜味展示得恰到好处，以烹制海鲜为主，名菜名品不可胜数，如佛跳墙、龙身凤尾虾、炒西施舌、鸡汤氽海蚌、海蛎煎、七星鱼丸汤等。闽菜以一道道海鲜名品烹制出舌尖上的海洋韵味。

11

佛跳墙

　　佛跳墙是闽菜中的一道海鲜烩菜，食材数十种，因此又被称为"福寿全"。

　　关于"佛跳墙"这个名称的由来，有不同的说法。有一种说法是这样的，发明这道菜的人是一群乞丐，他们从富贵人家乞讨来各种山珍海味，在角落里将其加以烧制。香气弥漫整个寺庙，僧侣们都禁不住要跳墙大快朵颐，来品尝这道美食。另一种说法是，在清朝光绪年间，福州的一名官员为巴结福州的布政使，让其夫人亲自下厨做出了这道汇集百味的名菜，取名为"福寿全"。后来经过改进这道菜出现在福州的各大餐馆，一批文人墨客食后为赞美这道名品其味无穷，就写出了"坛启荤香飘四邻，佛闻弃禅跳墙来"的名句，所以这道菜得名"佛跳墙"。

　　佛跳墙食材非常丰富。主料有海参、鲍鱼、鱼翅、干贝、鸡、鸭、羊肘、猪肚等20多种，配料有竹蛏、香菇、冬笋、猪骨汤等10余种。将这些食材经过一番处理后，放到坛中，加入绍酒去腥调味，再放入各种调味料，小火煨之。煨制时间长短不一，长则三天三夜，短的也有五六个小时。

　　佛跳墙是闽菜中的首席名菜，融合了海珍品的鲜美与畜肉时蔬的香醇，美味盛名享誉国内外，不少国外人士慕名前来品尝，已成为闽菜文化的代名词。

▲ 佛跳墙

龙身凤尾虾

龙身凤尾虾是闽菜中的传统海鲜名品，因成菜之后身似龙、尾似凤而得名。

龙身凤尾虾的食材以海虾为主，配料有火腿、香菇、冬笋等，以绍酒去腥提鲜，制作工序较为简单。

龙身凤尾虾采用的虾是新鲜的海虾，将海虾清理干净，去壳留尾。将火腿切条在淀粉的糅合下，使其与虾尾融为一体，成为龙身凤尾虾的生坯。油热至五成熟左右便可放虾入锅，炸至虾色微黄就可捞出沥油，再将各种配料稍加烧制，放入各种调味料，将炸好的虾与配菜放入，翻炒数下就可出锅了。

龙身凤尾虾鲜嫩可口、外酥里嫩、色泽鲜亮，是一道鲜香四溢的海鲜名品。

▲ 龙身凤尾虾

炒西施舌

炒西施舌是传统闽菜中的一道风味菜肴。

西施舌是福建著名的海珍，以福建长乐所产最为有名。西施舌，顾名思义与西施有关。相传，春秋末期，吴越争霸。越王勾践卧薪尝胆，用美人计灭掉吴国，成为春秋霸主之一。越王夫人为了让勾践安心治理越国，防止勾践贪恋西施美色，便偷偷将西施骗出来，并将其绑在石头上投进了大海。后来人们出海捕捞，捕获这种类似人舌的贝类，便称为"西施舌"。

▲ 炒西施舌

炒西施舌时，要将西施舌清洗干净。西施舌先要汆水，然后捞起沥干，将配料香菇、芥菜、冬笋放入油锅翻炒，倒入配好的绍酒卤汁，最后放入汆好的西施舌，速炒几下就可以装盘了。

炒西施舌时翻炒时间不宜过长，以保留沙蛤原汁原味的鲜嫩。香菇的乌黑，芥菜、冬笋的翠绿，再加上西施舌的乳白，一道色香味俱全的海珍菜品就呈现在食客面前。

西施舌被郁达夫称为闽菜中的"神品"，如此之高的赞誉源于西施舌的鲜嫩爽口。在南宋就有关于西施舌美味的记述，南宋诗人胡仔纂集的《苕溪渔隐丛话·后集》引《诗说隽永》："福州岭口有蛤属，号西施舌，极甘脆。"又引吕居仁诗云："海上凡鱼不识名，百千生命一杯羹。无端更号西施舌，重与儿童起妄情。"

南宋学者王十朋写了一首关于西施舌的诗，云：

吴王无处可招魂，唯有西施舌尚存。

曾共君王醉长夜，至今犹得奉芳尊。

描写西施舌美味的诗篇不绝如缕，这展现的不仅是菜肴的美味，更是海洋历史文化的积淀。

▲ 《苕溪渔隐丛话》书影

鸡汤氽海蚌

鸡汤氽海蚌是福建传统海鲜名菜。

在福建长乐县的咸淡水交汇处，海蚌产量较大，在其他地区出现较少。海蚌名贵，历来是国宴上招待贵客的海鲜名品。鸡汤氽海蚌是由老母鸡熬制的鸡汤作卤汁，与海蚌鲜嫩的肉质相配合，质嫩爽口、鲜香四溢。

鸡汤氽海蚌这道菜制作简单，菜的精髓在于鸡汤的熬制，由老母鸡配以猪肉和绍酒等各味调料，小火慢炖而成。将鲜海蚌肉切成片，水氽至五六成熟，再将鸡汤倒入，这道色泽乳白、肉质鲜嫩的鸡汤氽海蚌就完成了。

▲ 鸡汤氽海蚌

海蚌食用的历史较早，宋代诗人宋祁的《中秋望夕不见月》就提到了海蚌：

异时凉月好，常尔惜严更。此夜浮云恶，胡然溷太清。

心孤王粲牍，案对景山　铨　海蚌犹能满，城乌更不惊。

海蚌的名贵除了源于其鲜嫩的味道，还有可取出珍珠的价值，明代刘溥作《送盛御史昶巡按广东》描写了海蚌含珠：

玉骢金豸下青霄，庾岭南头道路遥。

霜叶定从行处落，瘴云应向到时消。

山鸡吐绣风号雨，海蚌含珠月映潮。

最喜送行冰雪霁，台中老柏让孤标。

中华海洋美食
THE SEAFOOD OF CHINA

▲ 干贝

白炒干贝

　　白炒干贝以干贝为主料。干贝是经晒干后的呈肉柱状的扇贝闭壳肌。干贝的制作突破时令的限制，易于保存，蛋白质含量极高，营养丰富。

　　白炒干贝的食材容易准备，但烹饪手法较为精细。将干贝清洗干净，切成薄片，放入沸水汆一下沥干，将配料香菇、冬笋以及绍酒、蒜蓉等各种调味料放入油锅爆炒，再将干贝放入翻炒数下，淋上麻油后出锅。白炒干贝是重刀工与火候的一道菜，干贝的薄厚在一定程度上决定了食材的口感，将干贝切成薄片可使其更加入味；翻炒的火候也是这道菜的重头戏，猛火快炒可保留食材的鲜味，回味无穷。

海蛎煎

　　海蛎煎是闽南的一道风味小吃，闽南语中又称"蚵仔煎"。在闽南大到餐馆小到路边摊都会有这道菜，在我国台湾也很常见。

　　据传说，清朝郑成功守护台湾赶走荷兰侵略者，在抗争中郑成功率众将士大破荷军。荷军一怒之下将粮食全部藏了起来。郑成功急中生智，在海里捕捞牡蛎，再配以地瓜粉，煎成饼来充饥。后人得知，美味便延续下来。

▲ 台湾夜市的"蚵仔煎"

　　海蛎煎风味独特，做法简便。将海蛎肉清洗干净，用水、地瓜粉、蒜蓉等配料调制成糊状，再将海蛎肉放入面糊中，就可在锅上煎了，配以蛋液增加香醇口感，稍微成型后再翻面煎制。最后撒上香菜，还可以配上鲜红的辣椒酱或番茄酱，红、绿、黄色泽鲜亮，美味可口。

　　海蛎又称"牡蛎""蚝"，宋代诗人梅尧臣曾作《食蚝》，描写了岭南蚝的美味：

薄宦游海乡，雅闻归靖蚝。宿昔思一饱，钻灼苦未高。
传闻巨浪中，磈蝛如六鳌。亦复有细民，并海施竹牢。
掇石种其间，冲激恣风涛。咸卤日与滋，蕃息依江皋。
中厨烈焰炭，燎以菜与蒿。委质以就烹，键闭犹遁逃。
稍稍窥其户，清襕流玉膏。人言噉小鱼，所得不偿劳。
况此铁石顽，解剥烦锥刀。戮力劲一割，功烈才牛毛。
若论攻取难，饱食未能饕。秋风思鲈鲙，霜日持蟹螯。
……

▲ 海蛎煎

七星鱼丸汤

　　闽菜以煲汤著称，七星鱼丸汤就是其中的传统名汤。在古时候就有了煲汤的习俗，那时人们将食材放入陶器中直接烧煮，非常便捷又不失美味。

　　福建鱼丸在国内赫赫有名，主要原因就在于它是有馅的鱼丸。据说，鱼丸的制作最早要追溯到秦朝。秦始皇爱吃鱼肉，但讨厌鱼刺。一次一位名厨为秦始皇做饭，不小心将鱼摔在地上，鱼刺露出。名厨急中生智取出鱼肉，做成了鱼丸。不料，秦始皇品尝后盛赞其美味，鱼丸的制作也开始慢慢兴起。

▲ 七星鱼丸汤

　　福建鱼丸一般以海鳗作鱼丸皮，猪肉作馅心。洁白的鱼肉在清汤中如闪烁的星斗，故名为七星鱼丸汤。传说一位秀才品尝福建鱼丸后，对鱼丸的美味难以忘怀，便赋诗一首：

　　点点星斗布空稀，玉露甘香游客迷。

　　南疆虽有千秋饮，难得七星沁诗脾。

　　鱼丸是这道汤的"主角"，将海鳗去刺取肉剁成茸状，猪肉配虾仁和各种调味料做成馅心。在做鱼丸的过程中，讲求眼手合一，左、右手灵活搭配，这样才能做得精致。将做好的鱼丸放入鲜汤中，淋上芝麻油，就可以享用这道鲜嫩爽滑的鱼丸汤了。

　　粤菜即广东菜，用料广泛，"不问鸟兽虫蛇，无不食之"。粤菜种类繁多，味道独特，有腊味的咸香、点心的爽滑、海珍品的鲜嫩……在烹制手法上以爆炒为主，兼有煎、烤、烩。粤菜受内地菜系影响较大，且近代以来粤菜开始融入西式餐点的味道，以灵动的品格，集各家之所长，又自成一家。粤菜以广府菜、潮菜、东江菜三大地方菜为代表，其中广府菜和潮州菜都是以烹制海鲜见长，食材丰富、配料多元、刀工精细，味道鲜嫩爽口。

广府民系的粤菜

广府民系是历史上北方人南迁至岭南地区而形成的民系，在此地形成的粤菜融合了北方的饮食特色。广府民系的粤菜时令性明显，夏秋味道偏淡，冬春则浓醇。

广府民系的粤菜品种众多，以烧制海鲜见长，特色菜有生油水母、白焯螺片、乌贼鱼脯、艇仔粥、八宝鲜莲冬瓜盅、白灼虾等。

生油水母

生油水母是粤菜中的一道生猛海鲜名品。这里的水母是指"海蜇"（海蜇属于水母科），唐朝刘恂撰写的《岭表录异》记载了水母的形态和习性：

水母：广州谓之水母，闽谓之蛇。其形乃浑然凝结一物。有淡紫色者，有白色者。大如覆帽，小者如碗。腹下有物如悬絮，俗谓之足，而无口眼（案：曾慥《类说》所载作"有口无眼"，与此不同。）常有数十虾寄腹下，啖食其涎。浮泛水上，捕者或遇之，即欻然而没，乃是虾有所见耳。

在今天看来，水母是美丽的海洋生物，有些种类的水母既可以满足人们的视觉享受，又冲击着食客的味蕾。其食用历史非常久远。

《岭表录异》还记载了食用水母的方式：

（水母）甚腥，须以草木灰点生油，再三洗之，莹净如水晶紫玉。肉厚可二寸，薄处亦寸余。先煮椒桂或豆蔻、生姜缕切而煠之，或以五辣肉醋，或以虾醋如鲙，食之最宜。

现在生油水母的做法也是通过加佐料来去腥提味。生食保留水母的鲜味，口舌留香，韵味无穷。

中华海洋美食
THE SEAFOOD OF CHINA

白焯螺片

海螺是粤菜中的十大海鲜之一。在岭南沿海，海螺产量颇丰，既可做成海珍名菜，也可做成风味小吃。

白焯螺片是传统粤菜，已有100多年的历史。白焯螺片的烹饪方法简易便捷。白焯是粤菜常用烹饪手法。将螺肉从壳中取出，清理干净内脏，切成圆形薄片，再将螺片放入奶汤和葱姜的沸水中焯至九成熟，捞出后再加绍酒、香油煸炒，熟后就可以出锅装盘了。

乳白鲜嫩的螺片配上虾酱和蚝油，鲜味十足。海螺的营养丰富，富含优质蛋白和多种微量元素，对黄疸等有一定的食疗作用。

▲ 白焯螺片

乌贼鱼脯

乌贼鱼脯是用乌贼腌制的肉干。

唐代刘恂所撰写的《岭表录异》记载：

乌贼鱼，只有骨一片，如龙骨而轻虚，以指甲刮之，即为末。亦无鳞，而肉翼前有四足。每潮来，即以二长足捉石，浮身水上。有小虾鱼过其前，即吐涎惹之，取以为食。广州边海人往往探得大者，率如蒲扇，煠熟以姜醋食之，极脆美。或入盐浑腌为干，捶如脯，亦美。

乌贼的壳似龙骨般轻巧，无鳞，以小鱼虾为食。广州沿海的乌贼个大肉肥，不管火烤还是盐腌风干做成肉脯，都难以掩盖乌贼肉的鲜美。

▲ 乌贼鱼脯

23

中华海洋美食
THE SEAFOOD OF CHINA

艇仔粥

艇仔粥是粤菜中的风味小吃。在广州称"小艇"为"艇仔",艇仔粥就是在小艇上制作而成的粥品。

传说,艇仔粥是广州荔枝湾附近疍民发明的小吃。水上生活的疍民收入较少,通常靠煮粥充饥。为了补充营养,煮粥时便就地取材将生活中所见的各种食材加入其中,没想到煮好之后味道极其鲜美,就向陆上居民推荐。后来,疍民逐渐到陆上生活,艇仔粥流传开来。

▲ 艇仔粥

艇仔粥所用的食材非常丰富,既有海珍品,又有时蔬畜肉。据说,这种食材搭配来源于"鱼生",清代陈徽言撰写的《南越游记》记载:

岭南人喜取草鱼活者,剖割成屑,佐以瓜子、落花生、萝卜、木耳、芹菜、油煎面饵、粉丝、腐干,汇而食之,名曰鱼生。

在广东的大小茶楼、粥品店都少不了艇仔粥的身影。艇仔粥的主要配料有鱼片、虾、海蜇、鱿鱼、干贝、猪肉、牛肉、鸭肉、凉皮、油条、花生、葱花、生姜等数十种,以往疍民在制作艇仔粥时都是边煮粥,边在水上捕鱼,不时还会唱起《咸水歌》来:

艇仔粥,艇仔粥,爽口鲜香唔使焗。一毫几分有一碗,好味食到耳仔郁。

陆上行人和水上游客听到这动听的《咸水歌》,也禁不住要品尝一下鲜香扑鼻的艇仔粥了。

▼ 旧时疍民小艇

八宝鲜莲冬瓜盅

　　八宝鲜莲冬瓜盅是广东十大名菜之一，从名字上就可知道这是一道食材丰富的菜肴。冬瓜盅是以冬瓜作容器，将各种食材放入其中制作而成，鲜香四溢、口舌生香。

　　八宝鲜莲冬瓜盅是夏季清凉菜品，所用的食材主要有鲜莲、冬瓜、老母鸡、蟹肉、虾仁、干贝、香菇、草菇、火腿、鸭腿、丝瓜等，以及各种调味料的搭配。各味时令食材的鲜味与冬瓜汁的清爽合而为一，为炎炎夏日增添一份舌尖上的清凉。

▲ 八宝鲜莲冬瓜盅

白灼虾

　　白灼虾是传统粤菜名品。为了最大限度保留食材的鲜味，白灼法就应运而生了。

　　白灼虾采用的是广东基围虾。基围虾俗称为泥虾、麻虾、虎虾等。

　　基围虾具有较高的经济价值和营养价值，在我国主要分布在东海和南海。在珠江三角洲的咸淡水交汇处，围水养殖比较常见。

▲ 白灼虾

　　白灼虾的做法看似十分简单，但做到鲜味十足不是一件易事。将鲜基围虾清洗干净，放入沸水中焯。水焯的时间要拿捏得恰到好处，不宜过长；一定要用沸腾的水来焯。在基尾虾颜色变红时就可以捞出来沥干。将鲜红的基尾虾摆盘，配上调好的料汁，就可以享用了。

潮州民系的潮菜

潮菜是粤菜的一个重要分支，以潮汕地区为主。潮菜风味独特，素有"潮州佳肴甲天下"的盛誉。

潮州位于潮汕平原，四季物产丰富。潮菜以烹饪海鲜见长，食材选料广泛，生猛海鲜几乎无所不食。潮州菜起源较早，贝丘中贝壳、蚌壳、螺壳的历史痕迹是先民从事渔猎活动的标志。唐宋八大家之一的韩愈曾作《初南食贻元十八协律》的诗篇，详细描述了潮汕人怪异的食单：

鲎实如惠文，骨眼相负行。蚝相黏为山，百十各自生。

蒲鱼尾如蛇，口眼不相营。蛤即是虾蟆，同实浪异名。

章举马甲柱，斗以怪自呈。其余数十种，莫不可叹惊。

我来御魑魅，自宜味南烹。调以咸与酸，芼以椒与橙。

腥臊始发越，咀吞面汗騂。惟蛇旧所识，实惮口眼狞。

开笼听其去，郁屈尚不平。卖尔非我罪，不屠岂非情。

不祈灵珠报，幸无嫌怨并。聊歌以记之，又以告同行。

韩愈在诗中描述了他初到潮州时见到的怪异海产品，如鲎、蚝、魟鱼、章鱼和江瑶柱等，在海产品的烹饪上介绍了潮州人喜欢放入咸味和酸味的调味品，又将食物蘸着椒盐、椒油、橙酱等佐料吃。潮汕地区饮食风格奇特，让诗人震惊。

潮菜中的海鲜名品不仅有风味小吃，还有各种经典菜肴，与粤菜其他分支不同的是，潮菜"重海鲜，喜清淡"，且"无海鲜不成席"，善用汤料提鲜增味，并发挥食材养生的功效。主要特色菜有干焗蟹塔、干炸虾枣、明炉烧响螺、上汤焗龙虾等。

▲ 韩愈雕像

干焙蟹塔

　　干焙蟹塔是潮菜中的传统名菜，在潮州的海鲜宴上少不了它。海蟹个大肉肥，有"蟹味上席百味淡"的美誉，因此以海蟹为原料烹制的菜品一般是在最后上。关于食蟹，古人早有记述，唐朝诗人陆龟蒙作《酬袭美见寄海蟹》，道出了蟹的鲜美：

　　药杯应阻蟹螯香，却乞江边采捕郎。

　　自是扬雄知郭索，且非何胤敢伥惶。

　　骨清犹似含春霭，沫白还疑带海霜。

　　强作南朝风雅客，夜来偷醉早梅傍。

▲ 干焙蟹塔

　　宋代还有专门描写蟹的专著《蟹谱》，为傅肱所著，书中描绘了各种河蟹和海蟹，还有蟹的其他用处，如蟹杯，把大螃蟹壳做成容器来盛酒，"其斗之大者，渔人或用以酌酒，谓之蟹杯"。

　　干焙蟹塔，以蟹做塔，造型美观。做蟹塔的原料主要是蟹壳，将蟹壳清洗干净，开水烫下剪成圆形，将虾肉混合蛋清做成虾胶，再加入香菇、韭菜，最后放入蟹肉，将混合的酱料平均放在每一个蟹壳上，做成塔形，入锅蒸五分钟，取出后撒上一层面粉，进行焙制。干焙蟹塔造型奇特、色泽金黄，味道油而不腻，营养丰富，是潮菜中的一道珍馐美味。

▲ 海蟹

干炸虾枣

干炸虾枣是与干焗蟹塔齐名的潮汕名菜，因炸虾丸似枣故名。

这道菜以虾为主料，配料主要有火腿、肥猪肉、韭黄、鸭蛋清、荸荠、香菜、酸黄瓜等。

干炸虾枣配料丰富，制作并不烦琐。将鲜虾洗净，控干水分。将虾肉切成细粒。将配料一一切碎与虾粒融合，加入鸭蛋清和面粉调成馅状，放入油锅炸至金黄即可，沥油装盘，配上香菜和酸黄瓜。香菜的鲜绿与虾枣的金黄相映，色泽鲜亮，咸甜适中、香脆爽口。

▲ 干炸虾枣

中华海洋美食
THE SEAFOOD OF CHINA

明炉烧响螺

明炉烧响螺是一道精细的古潮菜，由于其用料讲究、做法烦琐，会做这道菜的厨师越来越少。

这道菜对于食材的选取极为考究，刚捕捞出来的响螺一般放置两天后再进行烹制，一是使得响螺肉"瘦身"，二是将响螺肉中的黄腺水排出来，减少螺肉的腥味。将响螺清洗干净，放上蒜、姜、花椒、生抽、绍酒等调味料，在红泥风炉上烧制。烧响螺的过程也很有讲究，不仅烧响螺的部位有先后，还要掌握好火候。要先烧螺尾，再烧螺头，最后烧中间部分。烧的过程中为了让螺肉入味，要不时翻动加料。螺肉烤熟的时候，要在螺尾敲一个小孔，去除螺尾的瘀气涩汁，也使得响螺头、尾都能入味。最后将螺肉从壳中取出，切成薄片，配上芥末酱或青梅酱。雪白的螺肉，味道鲜甜香醇，爽滑可口。

复杂的烹饪程序，让螺肉的味道无可比拟，明炉烧响螺成为潮汕海鲜的代表菜品。现在潮汕的大小餐馆里已经很少见到它，有售的餐馆价格不菲，明炉烧响螺渐渐成为名贵的菜品。

上汤焗龙虾

上汤焗龙虾是一道传统粤菜名品，是粤菜汇集东西方饮食精华的最好诠释。

上汤焗龙虾以龙虾为主料。早在唐朝时已有对龙虾的体态有所记述，刘恂所撰写的《岭表录异》记载：

海虾，皮壳嫩红色，就中脑壳与前双脚有钳者，其色如朱。余尝登海舸，入舣楼忽见窗版悬二巨虾壳，头、尾、钳、足俱全，各七八尺，首占其一分。嘴尖如锋刃，嘴上有须如红筋，各长二三尺，前双脚有钳，钳粗如人大指，长三尺余，上有芒刺如蔷薇枝，赤而铦硬，手不可触。脑壳烘透，弯环尺余，何止于杯盂也！

从作者的描述中可以看出这是煮熟后的虾，颜色亮红，体型较大。

▲ 上汤焗龙虾

龙虾生活在浅海岩礁浮游生物众多的区域，是海中珍品，个大肉肥，营养丰富。据《岭南杂记》记载：

潮州龙虾，大者长五六尺，头与龙无二。更大者，其发可为杖。洗涤其壳，可以为灯。

硕大的龙虾经过处理后，腌制片刻，放入油锅炸至金黄，再将其他配料入锅，勾芡后就可装盘。菜式完成一般要撒上西式龙虾粉，再配上意大利面，西式的意味就显现出来了。这一道龙虾名品色泽金黄、肉质鲜嫩、咸甜适中，食后口舌生香，令人意犹未尽。

海鲜汤菜

潮菜以汤为重，别具一份鲜美。

汤菜在潮菜中占据着重要的地位，且汤菜的历史久远，既简单便捷，又美味易饱。重汤的潮菜，食材种类十分丰富，既有时蔬畜肉，也有生猛海鲜。

特色的海珍品汤菜数不胜数，例如大白菜煮海蛎、白萝卜煮鱿鱼、空心菜煮螃蟹、大蚝汤、鳗鱼汤、蛤蜊汤、鱼丸汤等。各类汤菜在制作的过程中除了以海珍品为主料，还要加入滋补药材，如当归、西洋参、田七、石斛、沙参、麦冬、冬虫夏草、枸杞、熟地、玉竹等。滋补食疗养生，是中国饮食文化智慧的体现。

▲ 蛤蜊汤

33

闲说闽粤食俗

　　闽粤海洋饮食文化历史悠久，从贝丘遗址中的贝类的食用痕迹，到有明确文献记载的海鲜饮食，再到近代以来闽菜和粤菜系融入西式餐点的元素，使文化底蕴深厚的闽粤菜走上了国际舞台。以烹饪海鲜见长的闽粤菜，在菜荟上以发挥食材的原汁原味为第一要旨。汤菜文化和注重饮食搭配的食俗，使闽菜和粤菜在八大菜系中得到最滋补养生的赞誉。

　　适宜的地域环境和良好的生态条件为闽粤菜提供了各类食材，食材在厨师的高超技艺下，变成一道道珍馐美味。每一道菜既是食材灵动的展示，又有深谙饮食之道的闽粤渔民演绎的人文食俗。

▲ 烧海螺

海天宴席

在闽粤节庆宴席上，自然少不了海产品。闽南一带有寿宴习俗和庆寿礼仪，如福建的女婿寿。女婿寿不是晚辈给父母长辈祝寿的宴席，而是由岳父岳母为女婿置办的寿宴，故俗称为"女婿寿"。《浙江风俗简志》对闽南这一习俗进行了记载：

在玉环渔区闽南籍渔民中，有一种岳父母为女婿祝寿的特殊风俗，俗称"女婿寿"。当女婿三十岁生日那天，岳父母携带礼品到女婿家祝寿。寿礼有黄鱼一对、猪肉十斤、米酒两瓶、面十斤、衣服两套及桂圆、枣子、橘子等。所送之物，各有寓意：鱼象征"有余"，米酒象征"米足"，面象征"长寿"，衣象征"有依靠"，枣子象征"早生贵子"，橘子象征"吉利"，等等。女婿收下这些礼品，回敬岳父母以长寿面及果品糕饼之类，祝岳父母长寿。

"女婿寿"是闽南特有的饮食礼俗，金灿灿的黄鱼代表着吉庆有余。我国的东海、南海一带盛产大黄鱼。黄鱼一般肉多刺少，是宴席的佳品。

闽菜中还有一道特色菜在宴席上占据着重要地位，那就是久负盛名的"鱼丸"。

在闽菜的宴席上有"无鱼丸不成席"的说法。宴席的鱼丸讲求个头要大，曾经出现过重达一

▲ 福建鱼丸

斤的鱼丸。鱼丸口感爽滑有弹性，味道鲜美。鱼丸在宴席上成为必备品，是源于福建临海以鱼为生的饮食习俗，再加上鱼丸的外形为球状，象征着团团圆圆、和和美美。

除了鱼丸，"扁肉燕"在宴席中也占有重要位置。扁肉燕是闽菜中类似馄饨的小吃，肉馅由鱼肉、虾仁、猪肉、芹菜等剁碎而成。"福州扁肉燕，人人吃不厌"的俗语，就可以证明扁肉燕的美味。

有一种说法，扁肉燕的肉燕皮的引进者是福州人王世统，经过他的苦心钻研，将肉燕皮远销到南洋乃至世界各地。扁肉燕又称为"太平燕"，是源于在后来的制作中，加入了鸭蛋，取自"压乱"之意，寓意为"天下太平"。

▲ 扁肉燕

扁肉燕看似风味小吃，却是各大节庆活动、婚丧嫁娶宴席中的必备菜品，"无燕不成宴，无燕不成年"。扁肉燕是平安吉祥的象征，也是福建人对美好生活的向往。

海上渔歌

　　海上渔歌为渔民打鱼时提供精神动力。早在清代，屈大均就作有《打蚝歌》两首，并且能够唱出来。悦耳轻快的渔歌，丰富了渔民们的日常生活。

　　一岁蚝田两种蚝，蚝田片片在波涛。蚝生每每因阳火，相叠成山十丈高。

　　冬月真珠蚝更多，渔姑争唱打蚝歌。纷纷龙穴洲边去，半湿云鬓在白波。

　　在水上生活的疍民，不仅烹制出了美味的艇仔粥，还唱出了悦耳的特色渔歌。在现代社会中疍民越来越少，疍民渔歌也面临消失的境况。疍民渔歌已被列入福建省非物质文化遗产。疍民渔歌取材丰富，大多来自现实生活，如下面这首：

　　侬是水上讨渔婆，母女二人下江河。天晴是侬好日子，拍风逆雨没奈何。侬今使力来拔篷，一篷能转八面风。篷转风顺船驶进，看着前面好地方。妹你驶船莫大意，好好送客回家乡。江上渔歌唱不尽，鱼香米响水也香。

　　在闽南厦门的疍民，将各种鱼唱进渔歌中，并将鱼的味美程度做了排序，还具体到鱼的各部位，像下面这首歌谣所写的：

一鲳二红鲚，三鲳四马鲛，五鲩六加腊。

吧浪好吃不分厝。

鲫鱼煮菜脯，好吃怀分某。

拉仑好食怀分孙。

鳓鳍、鲋喉、佳腊目。

白鱼吃软肚，鲳鱼吃鼻脑鼓。

鳗头治头风，鳗尾四两参。

墨贼炒韭菜，怀食是恷呆。

吧浪煮米粉，肉鱼煮面线，一人吃，众人夸。

鲨炸红瓜炸，白鲳马鲛羹，常吃就常思。

乌坚器贼卵，鲨肝狗母肚，好吃连舌吞。

一魟、二鲩、三沙鲭、四臭肚、五鲩、六斑鲑、七鲟、八鲅、九虾姑。

水族生物如同时蔬一样时令性十分明显，在下面这首渔歌中，就唱出了各个月份不可错失的美味：

一时风一时船，一寸水一寸鱼，一尺风三尺浪。

三丝风就起帆，六月鲫肥过贼，六月鳖爬上灶。

九月台无人知，人惊老海惊讨，人无钱鱼无水。

江鱼仔起水臭，江鱼仔顾本身，江鱼仔一水肥。

各地渔歌中包含了闽粤人对海产的认知，为闽粤饮食增添神韵。我们要将这种渔歌传统代代流传下去，让更多的人从渔歌文化中了解闽粤食俗。

岭南蚝壳墙

蚝壳墙是以食用后的牡蛎壳与泥土结合筑成的墙壁，在我国岭南地区较为常见。

蚝壳墙的历史非常久远，唐代刘恂所作的《岭表录异》中就对蚝壳墙有所记载：

卢亭者，卢循背据广州，既败，余党奔入海岛野居，惟食蚝蛎，垒壳为墙壁。

明清时期关于蚝壳墙也多有记述，清代文人屈大均所作的《广东新语》里记载了蚝壳墙：

香山无蚝田，其人率于海旁石岩之上打蚝。蚝生壁上，高至三四丈，水干则见。以草焚烧之，蚝见火爆开，因夹取其肉以食，味极鲜美。番禺茭塘村多蚝，有山在海滨曰"石蛎"，甚高大，古时蚝生其上，故名。今掘地至二三尺，即得蚝壳，多不可穷，居人墙屋率以蚝壳为之，一望皓然。

后来清康熙年间的迁海，使得蚝壳墙遭到了破坏。现存的蚝壳墙数量很少，保留较为完善的是深圳沙井的江氏大宗祠的蚝壳屋，距今已有数百年的历史。

蚝壳墙外表参差不齐，蚝壳外露是为了防止小偷翻墙而入。看似简单的蚝壳墙却凝聚着古人的智慧，人们在饱餐之后就地取材，将食弃的蚝壳加以利用，使其成为实用的建筑材料。

位于我国东南沿海的闽粤，汇集天地之精华。独特的地域条件决定了闽粤菜的海洋味道。闽粤沿海的贝丘遗址是探究闽粤菜系的"题眼"，发展到现在的闽粤菜系仍然是烹饪海鲜见长，其宗旨是要保留食材的鲜味。

闽粤菜是极具海洋特性的，每一道海鲜珍品都汇聚了海陆食材的鲜味，在饮食礼俗上将海珍品的人文情怀展现得淋漓尽致，将海洋文化的真谛代代相传。

吴越篇

WUYUE DISTRICT

"饭稻羹鱼"的历史遗迹

　　春秋时期吴、越两国毗邻，吴国的都城姑苏即今天的江苏苏州，越国的都城在会稽即今天的浙江绍兴。今天的吴越泛指江浙一带，主要包括江苏、上海、浙江等地。这一带毗邻东海，水系众多，受亚热带季风气候的影响，气候温和湿润，常年温差较小，土壤肥沃。适宜的地域条件使得吴越地区自古以来就以"鱼米之乡"著称。"饭稻羹鱼"的饮食方式，是吴越地区饮食文化的体现。

▲ 鱼米之乡风光

中华海洋美食
THE SEAFOOD OF CHINA

原始渔猎

  吴越地区历史悠久，卧薪尝胆的勾践灭掉吴国成为春秋霸主的历史众所周知。历史上看似分离的吴、越两国，在地域文化上却基本统一。在旧石器时代的考古遗存中就发现很多陶制食器；新石器时代，如马家浜、崧泽、良渚、河姆渡等考古遗存中发现诸多食器、鱼骨、渔具的遗迹。火的发明和应用推动了原始人饮食方式的进步，从远古的"茹毛饮血"到用火烧制熟食的历史演变，是人们对饮食的追求不断更新变化的体现。

  马家浜文化属于新石器时代早期的文化，距今 7000 ～ 6000 年，遗址主要分布在长江下游的太湖地区，并延伸至钱塘江一带，位于今天浙江嘉兴市区外的马家浜村。马家浜地区的古人以种植稻米为主，在文物发掘中发现了诸多渔猎工具，如骨镞、石镞、骨鱼镖、陶网坠等，还有一些水生生物的遗骸，如龟壳、螺壳以及鱼骨等。

  崧泽文化距今 6000 ～ 5000 年，上承马家浜文化，下接良渚文化。崧泽遗址是以上海市青浦区崧泽村的发现而命名的，主要包括长江三角洲一带的海滨区域。该时期内除了种植水稻外，渔猎也是人们的主要生产活动。从发掘的渔网和渔具可以看出，当时的人们已经学会采用植物的纤维和动物的毛发做成线来织渔网。

▲ 崧泽遗址

▲ 良渚遗址出土的玉鱼

  良渚文化距今 5000 ～ 4000 年，遗址主要位于长江下游的太湖流域，东临东海，南达杭州湾，主要是以江苏、浙江、上海三地的文化为代表。良渚文化在新石器时代以制造精美的玉器享有盛誉，渔猎上的文化主要体现在工艺品上，在发掘的陶器上可以看到有鱼的图案，还有一些鱼形的挂饰。

河姆渡遗址

河姆渡遗址分为四个文化层，最早的一层距今约 7000 年。河姆渡遗址覆盖的地域广阔，主要分布在长江下游杭州湾南岸和舟山附近。在考古遗存中发现大量的耜、鱼镖、镞、哨等骨器物，还有鱼、龟等水生生物骸骨。多种动植物的发现可以证实河姆渡遗址区域的气候、水文条件较好，适宜多种物种的生长。河姆渡遗址展示出人们饮食来源大约一半是以稻米为主，另外一部分则是通过渔猎获取。"饭稻羹鱼"的饮食传统在原始社会河姆渡文化时期已现雏形，后世的人们也遵循这一传统，在享受大自然馈赠的同时，创造出因时因地的美味。

饭稻羹鱼

春秋末期北方中原群雄逐鹿，长江中下游一带的吴国和越国因偏安东南一隅，生活相对安定。先秦文献《逸周书·王会解》中列举了一些成周之会吴越地区所进贡礼品中的海产：

东越海蛤。瓯人蝉蛇。蝉蛇顺，食之美。于越纳。姑妹珍。且瓯文蜃。共人玄贝。海阳大蟹。自深桂。会稽以鼋。皆西向。

东越的海蛤，于越的纳鱼，女占蓘的小蜃蛤，且瓯有纹的大蜃蛤，共人的黑色海贝，海阳的大蟹，品种丰富。西周时期，诸侯国君主把东海附近的海产品作为朝见周天子所带的贡品。贡品以当地的地方特色为主，足见这些海产品的珍贵。这些具有海洋特色的饮食传入内地，在一定意义上说，促进了民族之间的融合。

吴越是我国的历史文化胜地，吴越争霸的故事家喻户晓。鱼肠剑在历史上赫赫有名，春秋时期的著名剑工欧冶子为越王铸五剑，将剑塞入鱼腹中，以备刺杀之用。鱼肠剑的铸造结合吴越的地域特性，使渔文化进入政治领域，体现了吴越古人的智慧。

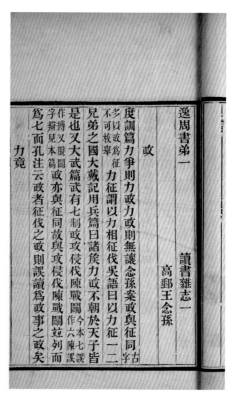

▲《逸周书》书影

北宋诗人欧阳修，其所作的《初食车螯》，介绍了东海的车螯，也称为"车白""蛤蜊"。诗人在称赞车螯鲜美的同时，也不忘歌颂那些不辞辛劳从泥沙里将车螯挖出的渔翁。诗人一个"惭"字道出了这高尚的人文情怀。欧阳修如是说：

累累盘中蛤，来自海之涯。坐客初未识，食之先叹嗟。
五代昔乖隔，九州如剖瓜。东南限淮海，邈不通夷华。
于时北州人，食食陋莫加。鸡豚为异味，贵贱无等差。
自从圣人出，天下为一家。南产错交广，西珍富邛巴。
水载每连舳，陆输动盈车。溪潜细毛发，海怪雄须牙。
岂惟贵公侯，间巷饱鱼虾。此蛤今始至，其来何晚邪？
螯蛾闻二名，久见南人夸。璀璨壳如玉，斑斓点生花。
含浆不肯吐，得火遽已呀。共食惟恐后，争先屡成哗。
但喜美无厌，岂思来甚遐。多惭海上翁，辛苦研泥沙。

▲ 越王台

49

宋周密的《齐东野语》篇中有关于"腹腴"的介绍。"腹腴"指的是鱼肚下的肥肉，诗人对杜甫和苏轼诗中提到的"腹腴"进行了类比，可见浙江诗人对"腹腴"食用精细的考究。原文这样记载：

余读杜诗"偏劝腹腴愧少年"，喜其知味。坡诗亦云："更洗河豚烹腹腴。"黄诗亦云："故园渔（溪）友脍腹腴。"又云："飞雪堆盘脍腹腴（鱼腹）。"按《礼记·少仪》云："羞濡鱼者进尾，冬右腴。"注云："腴，腹下也。"《周礼疏》："燕人脍鱼方寸，切其腴以啖所贵。引以证膴无，膴无亦腹腴。"《前汉》："九州膏腴。"师古注云："腹下肥白曰腴。"

历史上的吴越，物华天宝、人杰地灵。从原始渔猎文化的兴盛，到"饭稻羹鱼"的特色饮食方式，在历史的车轮下书写着人与海洋互动的印迹。食用海产方式的多样化与精细化，是饮食方式不断进步的表现，一道道菜肴诉说着其中的精彩。

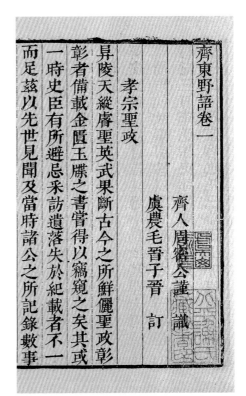

▲《齐东野语》书影

卷十二言書籍之厄一節述列朝藏書見歷劫甚可慨慷余家

世世青衿著雲山籍者垂三百載先世所儲書籍當在少數歷時嘗

闻先公語云紅羊之厄舊宅被燬亭低隻字弗存先公入學時始

錄之手抄經史為諸生為讀本闻沒四五十年间將官燕郊粵泝各有始

漸累書五十萬冊藏諸南郭草堂報無宋元善本然略備一斑呈

資家塾之助乃於二十六年十间雲城渝隔書籍為寇所掠藏書留

石及移出路被焚燬弦惠率安之前曾於千僅冊尚存西城龐祖

遺毂百冊耳此次浩劫中故鄉書籍文物燬損最多以予所知若

翁氏菦盧邵氏蘭蜜齋龐氏銅鼓軒宗民頤情齋沈氏師米

齋孫氏澂芳精舍各家所藏均遺一炬瞿氏鐵琴銅劍樓沈

氏希任齋事先攜出損失尚輕餘於丁初我李敬興諸氏所

藏或流落市肆或已成刦灰故鄉文物蓋蕩然尽真如

佳山所謂凡物未有聚而不散西書為甚者耶劫書之

二天壤山惟有府諸此緣而已　甲申觀音大士誕後百燬下記

51

吴越菜系的海味荟萃

　　苏菜和浙菜这两大菜系在风格上存在相似之处。毗邻海洋的吴越地区在饮食上，充分彰显了海洋物产的丰盛与鲜美。江苏徐州、连云港的海洋味道，浙江宁波、绍兴、温州的江南海鲜，还有海纳百川的上海味道，每一个区域，都散发着海洋的独特韵味。

鲜气扑鼻的徐海菜

　　苏菜即江苏菜，主要有徐海菜、苏锡菜、淮扬菜、金陵菜四种。苏菜历史悠久、文化内涵丰富，几乎每一道菜背后都有一段动人的历史典故。江苏在历史上曾是著名的美食胜地之一，如今依然享誉中外，更有"典雅细腻，国宴风范"的赞誉。苏菜味道咸甜适中，烹调方式多样，不管是河海湖鲜还是禽畜时蔬，以鲜味为旨，淮扬菜就有"醉蟹不看灯，风鸡不过灯，刀鱼不过清明，鲟鱼不过端午"的谚语。苏菜中以鲜香的海洋味道著称的当属徐海菜，其中又以徐州和连云港两地为主。

▲ 淮扬菜文化博物馆内景

　　徐州是我国烹饪发祥地之一，悠久的历史为徐海菜增添了几分神韵。传说历史上首位厨师彭祖就诞生于此。帝尧时期，尧久病不愈。彭祖为尧烹饪雉羹，运用食疗的办法，使得尧身体痊愈。随着东汉时期道教的盛行，饮食养生渐成风尚。今天的徐海菜继承了"食疗"的饮食传统，充分发挥食材的价值，让人们在享用美味的同时滋补养身。

　　徐海菜在地域上受鲁菜的影响，味道以鲜咸为主，水产以海味取胜，味尚五辛，五味兼蓄，菜品别具一格。烹饪手法以烧、炖、煨、烤、焖、炸见长，刀工精细。

　　徐海菜中的"羊方藏鱼"是"鲜"的代名词。有一种说法，这道菜被称为中华美食的"鼻祖"。相传彭祖的儿子打鱼回到家中，看到母亲在炖羊肉，就顺便将鱼放入锅中。为了让鱼更加入味，就把羊肉切开将鱼肉塞入其中。彭祖归来品尝这道异样的菜，感到羊肉酥烂可口，鱼肉鲜香细嫩。羊肉与鱼肉的结合让这道菜鲜味十足，此后这道"羊方藏鱼"便流传下来，鱼和羊组成的"鲜"字，字形与字义的统一，道出了其中的鲜与妙。

梁王鱼

梁王鱼是徐州地区的一道特色菜，不仅有鱼，还有海参和冬笋等。

梁王鱼食材由原来的一种发展为多种，历史上称这种变化是由"独占鳌头"到"三军占鳌头"。相传五代时期的朱温家境贫困，不幸获罪入狱，出狱时几个义兄弟为他备酒解闷。其中一个义弟用鱼做了一道红烧鱼头。朱温在狱中劳顿，饥饿难忍，看到如此美食不禁独自把鱼头吃完了。义兄弟就开玩笑，称朱温"独占鳌头"。朱温当上梁王后就将这道菜命名为"独占鳌头"。后来徐州的名厨胡庆昌将这道菜加以改进，加入了海参、冬笋等食材，称此菜为"三军占鳌头"。

▲ 梁王鱼

梁王鱼以鱼头为主料，海参、冬笋为配料。海参、冬笋切片备料。将鱼头洗净，放入油锅炸至金黄，再放入各种调料烧制，煮熟后放入海参和冬笋，勾芡收尾。金黄的鱼头，再加上海参、冬笋交相辉映，鲜香四溢。此菜汇聚海洋鲜味，是一道鲜香味醇的地道徐海菜。

连云港东临黄海，南与长江三角洲相连。连云港旧名海州，徐海菜中"海"的称呼便来源于此。海滨城市连云港在饮食上，以海鲜为主，菜品种类繁多。对虾、梭子蟹、沙光鱼是连云港的三大特色海产，以此为食材的菜品种类繁多，如凤尾对虾、糖醋对虾、红烧梭子蟹、红烧沙光鱼、蒜香沙光鱼、奶汤沙光鱼等。

凤尾对虾

　　凤尾对虾是江苏的一道名菜，连云港的海州湾是对虾的重要产区之一，对虾产量颇丰。以对虾为原料制作的凤尾对虾已成为连云港人的一道家常菜。

　　凤尾对虾制作简单，食用方便。将新鲜的对虾处理后洗净，用鸡蛋、淀粉和各种调味料调制成面糊。将对虾放入面糊中，尾部要保留对虾原有的模样，以显示凤尾的效果。待锅中油温热，放入油锅中炸制即可。

　　对虾肉质鲜嫩、营养丰富，适合多种人群食用。除可为人体补充蛋白质外，也具有一定的药用价值，特别对小儿、孕妇及身体虚弱者具有明显的食疗效果。

▲ 凤尾对虾

红烧梭子蟹

红烧梭子蟹是连云港的特色风味菜。在连云港，梭子蟹与对虾齐名，不仅产量颇丰，而且个个体大肉多。梭子蟹可蒸、可烧，肉质鲜美。"蟹过无味""一蟹盖百味"说的就是宴席上的"压轴菜"——蟹。

海鲜的烹制注重保留食材的鲜味。一般都是将新鲜的梭子蟹去除杂物洗净，用刀一切两半，放入油锅中烧至颜色变红，将水分收干以后，再放入鸡汤、料酒和其他调料，蒸熟勾芡，鲜红的梭子蟹就可以出锅了。

梭子蟹曾是连云港产量最大的蟹类，且食用历史悠久。清代戏剧家李渔喜食梭子蟹，称赞蟹味鲜美："蟹之鲜而肥，甘而腻，白似玉而黄似金，已造色香味三者之至极，更无一物可以上之。"

▲ 梭子蟹

红烧沙光鱼

红烧沙光鱼是江苏菜中的特色名品，采用连云港特产之一——沙光鱼烧制而成。沙光鱼喜温惧寒，主要栖息在近海沿岸、河水入海口的咸淡水交汇处。连云港地处南北方交界处，适宜沙光鱼生长。

沙光鱼头大、鳞细小，肉质白嫩细腻。选用新鲜上等的沙光鱼，去鳞清洗干净杂物，用料酒、葱姜浸片刻，锅中烧油七八成热，放鱼在油锅中炸至金黄，捞出控油。再将沙光鱼进行烧制，放酱油、糖提色，收汤汁，淋上芝麻油即可出锅。红烧沙光鱼色泽鲜亮，红中带黄，皮酥里嫩，咸甜适中。

▲ 沙光鱼

▲ 红烧沙光鱼

红烧沙光鱼是一道肉质鲜美的时令佳肴。沙光鱼每年秋季最肥，在歌谣中有所体现。

正月沙光熬鲜汤，

二月沙光软丢当，

三月沙光满墙撩，

四月沙光干柴狼，

五月脱胎六还阳，

十月沙光赛羊汤。

沙光鱼味道鲜美，含有丰富的蛋白质，据《食物本草》记载，沙光鱼"食之主益阳道，健筋骨，行血脉，消谷肉。多食生痰助火"。

花色海鲜水饺

将面食与海鲜结合而成的花色水饺，是连云港饮食风尚的产物。连云港有著名的"海鲜饺子席"，水饺种类繁多，风格迥异，而保留食材原汁原味的鲜香是一贯的宗旨。如海蛎粉条饺、韭菜虾仁饺、紫菜干贝饺等。大厨将各类海鲜与蔬菜混搭，与佐料相汇，让一个个鲜美多汁的海鲜饺子呈现在食客面前。在这鲜美饺子的诱惑下，食客不免要大快朵颐了。

▲ 花色海鲜饺子

精致灵动的海上浙菜

　　浙江毗邻东海，盛产虾蟹鱼贝，鱼类和贝类的品种五百有余，所拥有的海产品种类在我国居于前列。浙菜是我国著名的八大菜系之一，以浙江的杭州菜、宁波菜、绍兴菜、温州菜为代表，其中的宁波菜、绍兴菜、温州菜最具海鲜特色。浙菜在菜式上讲求精致细腻，味道鲜美、五味俱全，在食材的选取上讲求精细、鲜嫩，在烹制方式上以烧、熘、炖、蒸、炸见长。这些都以保留食材的新鲜和本味为宗旨，经过精心的烹制，使虾蟹鱼贝更加美味。

　　浙菜在烹制时有一个鲜明的特点，不管是鱼虾蟹贝还是畜肉时蔬都会在调味时放一些浙江特产绍酒。绍酒是我国"酒中国粹"，也是世界三大古酒之一。绍酒采用精白糯米和小麦，加酒药和麦曲发酵而成。绍酒在虾蟹鱼贝的制作中有去腥提鲜的作用，因此很多浙菜菜品都会加入绍酒来调味。

　　宁波菜又名"甬帮菜"。宁波靠海，菜系上以海味见长，鲜咸合一，烹制手法上以烧、炖、蒸为主。菜品注重保留食材的原汁原味，主要代表菜品为雪菜黄鱼、雪卤炖蛏、雪丽蛏子、腐皮包黄鱼、油爆鲜淡菜等。

雪菜黄鱼

雪菜黄鱼是宁波的特色菜。雪菜又称"雪里蕻"，通常以腌制保存，是江浙人家的家常必备菜。

黄鱼属石首鱼科，浙江舟山群岛产量较多。

雪菜黄鱼选用上等的新鲜黄鱼，与雪菜的清脆结合，鲜味无穷。将黄鱼清洗干净，在鱼身开上柳花刀，方便入味。将黄鱼放入油锅，两面煎至略黄，倒入雪菜，爆炒片刻，倒入绍酒，放清水，焖煮片刻。将汤汁熬成乳白色，放入鲜葱段，即可出锅。鱼肉鲜香，汤汁浓醇，翠绿的鲜葱、乳白的汤汁、灿黄的鱼肉和雪菜，是一道色香味俱全的珍馐美味。

▲ 黄鱼

▲ 雪菜黄鱼

蛏子▶

雪丽蛏子

雪丽蛏子是浙江一道特色海鲜珍品。

蛏子属于海洋贝类，又称"缢蛏"，是一种软体动物，生长在海水盐度低的河口附近和内湾软泥中。蛏子鲜嫩爽口，有一定营养价值，据《嘉祐本草》记载，其还有补虚之效。

雪丽蛏子这道菜采用鲜蛏子和海鳗鱼为主料。将蛏子处理干净后，将海鳗鱼剁成泥状，放入鸡蛋清搅匀，放在每一只蛏子上，放入蒸笼蒸熟取出。再将调制好的料汁浇在蛏子上。洁白如雪的鳗鱼肉和蛏子融为一体，质嫩爽口，鲜香扑鼻。

▲ 雪丽蛏子

61

油爆鲜淡菜

油爆鲜淡菜是浙江宁波的传统风味菜。淡菜是干制的贻贝肉。贻贝又名海虹、青口等，也称"东海夫人"。《清稗类钞》记载了淡菜的属性：

淡菜为蚌属，以曝干时不加食盐，故名。壳为三角形，外黑色，内真珠色，长二三寸，足根有丝状茸毛，附著于岩石。产近海，肉红紫色，味佳，博物家以为记《尔雅》之贻贝也。

清代的美食家袁枚在《随园食单》中就记载了淡菜的烹饪方式：

淡菜煨肉，加汤颇鲜。取肉去心，酒炒亦可。

油爆鲜淡菜以淡菜为主料，以蘑菇、青豆为辅料。将鲜淡菜清洗干净，在沸水中汆至五成熟，沥干水分，放入油锅炸至八成熟后捞出。在留有少许油的锅中放淡菜和配料爆炒，放入绍酒收汁后就可以出锅了。

淡菜油而不腻，其味无穷。宁波古称明州，早有将淡菜作为海洋特产进贡给朝廷的记载。据《新唐书·孔戣传》：

明州岁贡淡菜蚶蛤之属，孔戣以为自海抵京师，道路役凡四十三万人，奏罢之。

▲ 油爆鲜淡菜

温州古称"瓯"，温州菜也被称为"瓯菜"。温州菜以烹制海鲜为主，烹制方式除了运用原有浙菜的手法，还讲究"两轻一重"，即轻油、轻芡、重刀功，口味清新、淡而不薄，既保留海产品本身的鲜味，又不乏江南饮食的精致细腻。特色菜品有双味蛴蟹、橘络鱼脑、爆墨鱼花、蒜子鱼皮等。

双味蟳蚌

双味蟳蚌是浙江温州的一道特色菜品。蟳蚌是温州人对青蟹的俗称，《清稗类钞》对蟳蚌有专门的记载：

蟳蚌，一名蟳，蟹类，产海滨泥沙中，可食。壳圆如常蟹，最后两足扁而圆长，无爪，与梭子蟹同。闽人称之为青蟹，较梭子蟹为贵，而俗亦称梭子蟹为蟳蚌。

▲
蟳蚌（青蟹）

青蟹栖息在盐度低的近海区域和咸淡水交汇处，此处海藻繁盛，也使得以海藻为食的青蟹肉质腴肥。

双味蟳蚌以青蟹、鳗鱼、猪肉为主料，采用清蒸和锅贴两种烹饪手法，一蟹两味、风格独特，是一道集海陆物产于一盘的特色菜。将鳗鱼制成鱼茸，然后煸炒蟹肉。将熟猪肉切成圆片，逐片用刀跟戳几个洞。将猪肉片放入蛋清糊内，挂匀后摊放在盘中。将炒好的蟹肉放在猪肉片上，再用鱼茸覆盖，缀上蟹黄等。

最后将蟹饼煎至金黄。青蟹、鳗鱼、猪肉三料融合，三色三味。

爆墨鱼花

爆墨鱼花是温州的地方风味佳肴，与三丝敲鱼、锦绣鱼丝并称为"瓯菜三绝"。这道菜对刀功要求极高，是刀功和火候并重的特色菜肴。将墨鱼剞上麦穗花刀，经过水汆、油炸、爆炒、勾芡、收汁一系列工序，色泽鲜亮、鲜脆爽口的佳肴就完成了。

墨鱼并非鱼类，而是一种海洋软体动物。其含有丰富的蛋白质，营养价值和药用价值都很高，是"中国四大海产"之一。墨鱼的食法在不断创新，不变的是墨鱼的鲜味。

▲ 爆墨鱼花

海纳百川的上海味道

  每一座城市都有自己独特的"味道",放之于美食而言,其味甘,或其味辛,无一不是此地域物产与饮食民俗的杂糅,更是这座城市饮食文化的恒久积淀。而上海的味道,如同这座城的整体格调,海纳百川、异彩纷呈。

  上海,是一座现代化的国际性大都市。这里,曾布满多样化的洋场;这里,书写过上海滩的传奇。各式文化因素奇异又协调地交织在一起,赋予了上海别样风情:包容开放。这种特性,也体现在上海的饮食上。

  从地理环境来看,上海襟江连海,地处"鱼米之乡",气候温和湿润,全年盛产鱼虾,四时蔬菜长青,烹饪之原料十分丰富。2000 多年以前,此地是"战国四公子"之一春申君的封地。其后随着上海成为"江海之通津、东南之都会",菜肴选料更加广泛、品种日益繁多,为现今上海菜系的形成奠定了基础。

  上海菜虽游离于八大菜系之外,却善于取人之长,广纳博采。所以有人说,上海是中华美食的大观园。

  上海菜的烹制,兼顾中西技法,尤以红烧、生煸见长,浓油赤酱、汤卤醇厚,糖重而色艳。在选料上注重活、生、寸、鲜的搭配,在调味上擅长咸、甜、糟、酸的融合。人们根据烹饪法和发源地的不同,将上海菜分为两类,一是本帮菜,一是海派菜。

中华海洋美食
THE SEAFOOD OF CHINA

　　鸦片战争以后，上海开埠通商，开始了从港口小城向国际化大都市的华丽嬗变。自此，华洋杂处，商贾云集，外省市移民纷纷到上海谋生。由于饮食习惯难以改变，饮食又最能寄托相思，这些早期定居上海的移民纷纷打着家乡饮食的旗号招揽同乡，在餐饮界出现了帮派林立的状况，打破了以往本帮菜一家独大的局面。

　　这些"移居"上海的地方菜系以帮派相称，如广帮、苏帮、川帮等，在菜式和口味上基本保留了传统的地方特色，但为了迎合消费者需求，也进行了一些改良和创新。到新中国成立前，据当时统计，比较有影响力的就有沪、苏、锡、浙、徽、粤、京、川、闽、湘、豫、鲁、扬等 16 个"帮别"，同时还有各式西菜、西点。这些"帮别"在上海各显神通，相互竞争，却又取长补短，经过长期的融会贯通，这种万花筒式的多样化格局逐渐成熟，最终形成了兼容并蓄、淡雅鲜醇的菜肴风格，人们又称其为"海派菜"。

　　"海派菜"以鱼虾蟹和蔬菜、肉禽等为主要食材，由江南风味、北京风味、广东风味、四川风味、西菜及素菜为主要类型，形成了多样化的菜系风格，讲究层次，清淡平和。"海派菜"的精品菜式主要有贵妃鸡、扣三丝、青鱼划水、炒素蟹粉、茉莉鱿鱼卷、八宝鸭等。近年来，菜式不断丰富创新，名称也别有意趣。

　　本帮菜，顾名思义，即上海的本土菜肴。究其源脉，本帮菜的历史颇为悠久，早在宋元时期已有经营本地饮食的小饭馆；明代，县城北的苏州河边也有酒菜馆；至于清代，城隍庙以及十六铺一带出现了饭店、点心店以及饭摊百余家，本帮菜已初具规模。

　　上海开埠后，本帮菜形成了自身特色 —— 浓油赤酱、醇厚鲜美。旧时，各地移民涌入上海谋生，这些"贩夫走卒"成为上海菜的主要消费者。整日的操劳使得他们腹中油水短缺，汗流较多而需补充盐分，于是就有了"浓油赤酱"、乡土风味浓郁的早期本帮菜。

　　本帮菜原来并不能登大雅之堂，是非常平民化的菜色。以本地鱼虾、蔬菜、肉类为主料，烹饪方法以烧、煨、炖、煸、蒸、炒等见长。后来，上海菜不断吸取外地菜，尤其是苏锡地方菜的长处，再加上独特的调料，烹制出了美味可口的佳肴，并长盛不衰。如今的上海本帮菜用料精细、制作考究，菜肴浓而不腻，配色艳而不杂，造型雅而不俗。

虾子大乌参

虾子大乌参是本帮传统菜中的头道大菜，号称"天下第一参"。于 20 世纪 30 年代由上海著名本帮菜馆"德兴馆"创制，一时载誉上海滩。

据说，1937 年淞沪抗战期间，中国军队南撤，市内公共租界和法租界被包围成"孤岛"。那时，小东门外洋行街一批经营海味的商号对外贸易中断，生意清淡，一大批销往港澳和东南亚的乌参积压在仓库，因为乌参不对上海人胃口，无人问津。上海德兴馆名厨杨和生和蔡福生知道后，便以低价收购，并悉心钻研烹制方法。

名厨们将乌参水发后，以本帮菜的烹制方法，加笋片和鲜汤调味，烹制成红烧乌参出售。起初，上海本地饭店都没有此菜，德兴馆创制并经营之后，便立即成为最吃香的菜肴。后来厨师们考虑到乌参虽富有营养，但有鲜味不足的弱点，于是用鲜味较浓的干虾子作配料来提鲜。最终创制出上海风味的虾子大乌参，广为流传。

虾子大乌参可算是一道经典的本帮功夫菜，其工艺过程涉及燎皮、涨发、油炸、红烧等诸多环节，涨发的过程尤其烦琐，涨发一个乌参一般要费时 7 天。究其过程，先是将整只大乌参用炭火烧至外皮焦色，再浸发至软，之后放入热油锅炸至起泡时捞出。炸好的大乌参背朝上重新入锅，加老抽和绍酒、肉卤、高汤、冰糖、干虾子，旺火烧滚，小火焖透入味，再转旺火，收汁后捞出大乌参。锅中卤汁勾芡，淋上葱油，将酱红油亮、葱香浓郁的稠浓卤汁浇淋在大乌参上即成。

上好的虾子大乌参色泽乌光发亮，质感软糯，并以其营养丰富、柔软香糯的口感和鲜美浓醇的味道令人百吃不厌。几十年来一直是本帮菜的招牌。

茉莉鱿鱼卷

茉莉鱿鱼卷是上海传统风味菜，也是海派菜中的经典菜式。

茉莉鱿鱼卷食材简单，采用的就是茉莉花和鱿鱼。这道菜的精髓就在于鱿鱼的鲜嫩和外形刀工的精美，选用滑炒的方式烹制而成。

将鱿鱼剞成麦穗形，并切成长方形块状。茉莉花用开水泡开，泡过后的茶水放入调味料、勾芡，作为汤汁。鱿鱼在沸水中汆成卷状捞出沥干水分，放入油锅滑炒，倒入勾芡的汤汁，就可以出锅了。茉莉鱿鱼卷色泽鲜亮、味美清香，浓浓的茉莉花香加上鱿鱼的爽滑，鲜嫩爽口，口舌生香。

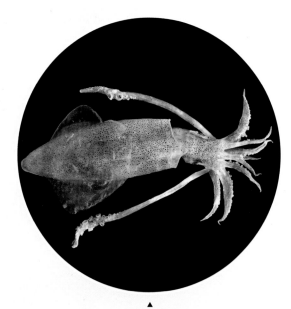

▲
食材：鱿鱼

吴越渔俗的海鲜饮食文化

　　吴越菜系以苏菜、浙菜为根基。从出海打鱼、唱渔歌号子、海边拾贝，到海产的食用，无不彰显着"饭稻羹鱼"的饮食文化底蕴。

吴越节庆食俗

以船为家、以鱼为食的吴越人，在饮食上历来以烹饪海鲜见长。一年中的春节、端午节、中秋节三大节日，还有重要的时节礼俗，都在彰显着饮食文化的魅力。

从春节开始，沿海渔民在新春晚宴上就以鱼蟹作为新年开始的象征。家家宴席上都少不了这几样海鲜，如呛蟹、黄鱼、比目鱼等。呛蟹是年宴餐桌必备，金灿灿的黄鱼是吉祥之鱼，比目鱼寓意合家欢乐、夫妻恩爱。在大年初一还有渔民庙会和祭祀的习俗，新年以鱼祭祀，人们期盼来年是个丰收年。

▲ 黄鱼

▶ 呛蟹

立春时节，吴越地区有食"春鱼"的习俗。"春鱼"即海里的小黄鱼，立春过后，主妇们会为即将出海打鱼的丈夫做一顿春鱼美食。

清明时节，东海渔汛到来。石首鱼是春季渔汛的代表，其他海产的捕捞季节也逐渐来临。

立夏时节是上半年东海渔场的旺汛期，"立夏百客齐"说的就是在立夏时节各种海产汛期的到来，渔民们喜获丰收。渔民在海上辛勤地捕捞海产，在收获时节大都要吃鱼、吃蛋来滋补身体，为秋季出海做准备。

秋季是吃蟹的好时节，在吴越地区必然少不了秋白蟹的身影。秋白蟹产在秋季，个大肉肥，蒸熟后配上醋和姜，去腥提鲜，味道鲜嫩爽口。

到了一年的末尾，渔民们要做的就是祭祖。在祭祖活动中以鱼、鸡、鸭和各种糕点，还有一些冬至时令食物作为祭品。除夕是沿海渔民最隆重的节庆活动，餐桌上摆满了丰盛的年夜饭，渔民们欢聚一堂，享受一年丰收的喜悦。

▲ 陈靖姑像

海神与渔歌

"靠海吃海"的渔民对海神有着天然信仰，在吴越周边除了对海龙王的信仰，还有一些地方海神信仰，如嵊泗列岛的忠武侯王洋山大帝、舟山渔场和中街山列岛的龙裤菩萨、浙江南部的陈靖姑等。

吴越渔民出海打鱼讲求要多说"彩话"。"彩话"指的是吉利话，有俗语"民间彩话多，多得动筐抬，张口就说好，闭口就发财"。从渔船起程，到抛锚捕鱼，都有一段"彩话"为渔民们提神鼓劲。一人说"彩话"，大家以"好"回应。"彩话"灵活有趣，喊起来非常带劲。在收网时会喊出这样的"彩话"："网口张，装满舱；搁劲拉，大把掐；掐得准，装得稳；朝舱倒，人人笑；装满载，大发财。"吴越地区的"彩话"使渔民的捕捞生活多有乐趣，而渔家号子则闪现出不少海洋文化的碎影。

吴越渔歌以舟山渔家号子最为有名，语言直白，通俗易懂，朗朗上口，韵律优美，婉转动听。渔家号子取材丰富，有关于海产习性的号子，还有会让听者垂涎欲滴的美食号子。《鱼名谣》这首渔家号子就唱出了海产的习性和形态：

▲ 唱渔家号子的渔家人

鳗鱼长，鲳鱼扁，梅童头大身体短。
飞鱼飞，鲻鱼跳，带鱼贪吃容易钓。
墨鱼黑来带鱼亮。鲚鱼肚皮像快刀。
乌贼乌，头上两根须，背着砧板游江湖。
黄鱼头大，白扁嘴小，海蜇吮眼水上漂。
琵琶鱼懒，海鲢鱼唱，箬鳎眼睛生单边。

再如《抲鱼调》，它是舟山渔民渔歌中包含鱼名较多的一首渔歌：

黄鱼黄氅氅，鲳鱼铮骨亮，鳓鱼刺多猛，带鱼眼睛交关亮。

虎头鱼须短，梦潮鱼须长，乌贼骨头独一梗，箬鳎眼睛单边生。

马鲛牙齿快，毛蟹脚长走横向。

青鲇鱼，绿央央，黄鲜毛常两样生……

有关海产美食的渔歌《鱼谜歌》唱道：

啥鱼好吃脑头鲜？八月鮸鱼脑头鲜。啥鱼好吃煮成荠？乌鱼青马鲛煮成荠。

啥鱼好吃煮粉丝？桂花黄鱼煮粉丝。啥鱼好吃是肚皮？带鱼好吃是肚皮。

啥鱼好吃是浑子？立夏乌贼吃浑子。啥鱼好吃是嘴唇？黄鱼嘴唇好味道。

啥鱼好吃是其鳞？鲥鱼吃鳞鲜上鲜。啥鱼眼睛香鲜鲜？鳓鱼眼睛香鲜鲜。

《鱼谜歌》以一问一答的形式，唱出了不同海产的独特美味。还有一种渔歌把海产的烹饪方式也唱了出来，人们可在渔歌声中体会这些海产的鲜美，如"鳓鱼肚皮像快刀，清炖起来味道好""鮸鱼脑髓烧碗羹，吃格辰光莫相打""马鲛鱼油炸是外行，咸菜煮来顶清香"。

史书的渔俗

吴越地区诞生了诸多文人墨客，同时也吸引其他地域的文人旅居于此。文人将吴越的饮食文化演绎得出神入化，诗篇佳作不绝如缕，在捕捞方面就有许多名作，如唐代的陆龟蒙和皮日休两大诗人在渔具方面的诗篇就有几首。且看陆龟蒙的两首诗作：

渔具诗·钩车

溪上持只轮，溪边指茅屋。闲乘风水便，敢议朱丹毂。
高多倚衡惧，下有折轴速。曷若载逍遥，归来卧云族。

渔具诗·沪

万植御洪波，森然倒林薄。千颅咽云上，过半随潮落。
其间风信背，更值雷声恶。天道亦衰多，吾将移海若。

明朱国祯《涌幢小品》记载，吴王阖闾十年（前505），吴国与东夷交战，吴军因缺粮士气低落，后靠捕获海中黄鱼来充饥。士兵吃了肉多刺少的黄鱼后，士气大振，最后打败了东夷。

据说，吴军将士看到金色的黄鱼像是看到了仙物，激动不已，食用后发现其味道极为鲜美。文中还记载了用咸水使黄鱼保鲜的方法。因黄鱼色泽美观，吴王一开始将其命名为"䲙"（今作"鲞"），后来见鱼脑中的骨头如白石，即耳石，遂命名为石首鱼，后也称为黄鱼。

如今黄鱼出现在各个餐馆和普通百姓家的餐桌上，烹制手法各异，且不断创新，唯一不变的是黄鱼的鲜美。

▲《涌幢小品》书影

渔俗食单

"天下食书江浙多"，文人才子品江浙名菜，撰食单著作。清代美食家袁枚撰写的《随园食单》被认为是关于"吃"的名著，该书细致描写了乾隆年间江浙地区人们的饮食方式和烹饪方法，是饮食文化的代表作。

《随园食单》主要包括14部分，其中的海鲜单和江鲜单主要介绍了江浙地区的特色水鲜产品。海鲜单包括"海参三法、鱼翅二法、鳆鱼、淡菜、海蝘、乌鱼蛋、江瑶柱、蛎黄"；江鲜单包括"鲥鱼、鲟鱼、黄鱼、班鱼、假蟹"。另外还分水族有鳞单和水族无鳞单，分类十分精细，烹饪手法清晰可见。

▲《随园食单》书影

▲ 袁枚

长江四鲜之一的刀鱼，袁枚将其纳入江鲜单，实际上刀鱼既属于海鲜又属于江鲜。刀鱼平时生活在海里，只有每年的 2～3 月份由入海口溯江而上进入长江产卵。《随园食单》里介绍了刀鱼的两种做法：

刀鱼用蜜酒酿、清酱放盘中，如鲥鱼法蒸之最佳。不必加水，如嫌刺多，则将极快刀刮取鱼片，用钳抽去其刺。用火腿汤、鸡汤、笋汤煨之，鲜妙绝伦。金陵人畏其多刺，竟油灸极枯，然后煎之。谚曰："驼背夹直，其人不活。"此之谓也。或用快刀将鱼背斜切之，使碎骨尽断，再下锅煎黄，加作料，临食时竟不知有骨。芜湖陶大太法也。

　　清初浙江籍的学者朱彝尊著有《食宪鸿秘》。这是一本专门记载中国古代饮食制作工艺的著作。书中的鱼之属介绍了河、海两鲜不同水产的做法和禁忌，其中有关于水产去腥的记载：

　　煮鱼用木香末少许则不腥。

　　洗鱼滴生油一二点则无涎。

　　凡香橼、橙、橘、菊花及叶采取、锤碎洗鱼至妙。

　　凡鱼外腥多在腮边、鳍根、尾，稜内腥多在脊血、腮里。必须于生剖时用薄荷、胡椒、紫苏、葱、矾等末擦洗内外极净，则味鲜美。

　　书中记载称，用"木香"（一种草本植物）少许能去除鱼腥，洗鱼的时候滴几滴生油可去除鱼身上的黏液，还有其他的草本植物如香橼、橙、橘、菊花等能够使鱼更干净。鱼的表面和肉质的腥味采用不同的草本植物加以擦洗，既能去除腥味又可使鱼的鲜味得以保存。

▲ 木香可去除鱼腥

　　一部饮食经典，一段渔俗史事，一首渔家号子，一代人的海神信仰，将吴越渔俗文化深深印在每一个海边人心中。每一样食材，每一种配料，每一道菜品，都是吴越历史文化的积淀，更是沿海渔民勤劳智慧的结晶。人们在品尝海鲜名品的同时，也将其中的饮食文化精华传承延续，将海洋的韵味代代相传。

▲ 青岛栈桥

齐鲁篇
QILU DISTRICT

胶东海味史

　　齐鲁大地是中国儒家文化的发源地，历史悠久，文化底蕴深厚，饮食文化同样如此。胶东地区以海鲜著称。山东沿海存有远古时期食用鱼贝的历史痕迹，盛行食海鲜之风，形成独特的食海鲜风俗。山东沿海地区由于受海洋的影响，气候相对于同纬度的内陆地区较温和，夏无酷暑，冬无严寒，适合多种海鲜的繁殖，海产资源十分丰富。

　　在山东沿海，饮食文化凝结齐鲁的古韵风范，从远古时代采食鱼贝，到先秦时期的食鱼之风，以孔府鲁菜为根基，加之生鲜海味，形成历史气息浓郁的海洋饮食文化。

▲ 渔船

远古贝丘风情

原始社会时期，在山东沿海地区，先民已与鱼贝结下了不解之缘。

新石器时代沿海、河川地区的贝丘遗址，在山东沿海多有发现，如邱家庄遗址、胶州三里河遗址等。

距今五六千年的邱家庄遗址，位于今烟台市福山区东南兜余镇邱家庄北高丘上。该遗址发掘出大量的鱼骨、龟甲和贝壳，其中贝壳尤其丰富。据统计，贝壳有千余个，其中以蚬为主。蚬生活在咸淡水的交汇处，由于饵料丰富，容易繁殖，数量众多。在邱家庄遗址中有一个蛤地遗址，在蛤地坡上发现了许多蛤蜊残壳。据学者研究，该坡原处于海底，后由海变陆留下了远古人食用贝类丢弃的残壳。另外还发现了红鳍东方鲀的鱼骨。这种鱼必须去除内脏，清理干净方可食用。大量红鳍东方鲀鱼骨的发现反映出当时的人们可能已经掌握清理的方法。

▲ 蛤地遗址

胶州三里河遗址也属于贝丘遗址，位于胶州市北三里河村。在该遗址上下两层考古学文化中，分别属于龙山文化和大汶口文化，在考古挖掘中发现不少贝壳、龟甲、鱼鳞及鱼骨，经过对鱼骨的研究后发现有青鱼和鲅鱼等。现在胶东食鲅鱼的习俗大概源于古代的传统。可见当时的渔民不仅享用近海的鱼贝，也能捕捞远海的鱼类。

远古贝丘遗址的发掘，可使人们探寻山东沿海地区海洋饮食的历史渊源，同时印证了山东沿海居民早期食用鱼贝的风俗习惯。

▲ 龙山文化出土的骨镞

先秦海产认知

齐鲁饮食文化历史久远，春秋战国时期形成了"食不厌精，脍不厌细"（《论语》）的饮食思想和原则。这一饮食原则影响了中国古代的饮食礼节，对后世影响深远。

齐国濒海，渔盐资源丰富，在春秋战国时期国力空前强盛，由此成为"春秋五霸"中第一个称霸的诸侯国。在渔业上就有"莱黄之鲐，不可胜食"的记载。

人们最早关于海洋的认识即是"鱼盐之利，舟楫之便"。"鱼盐之利"既是人们的饮食、生活之源，也是原始的海洋生态观念。享受海洋的天然馈赠，从中获取食物，正是沿海先民的期盼。

《论语》书影▶

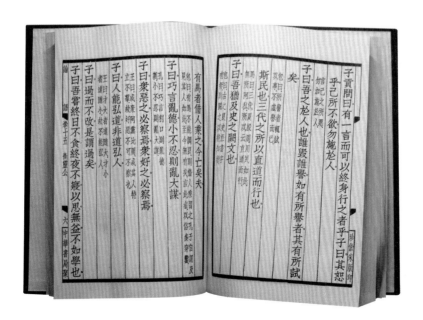

传承海洋鲜味

人们关于海洋物产的认知随着时代的发展不断加深，海洋物产也越来越多地出现在普通人家的餐桌上。方志中也有诸多关于海产价值的记载。例如，乾隆《诸城县志》卷一二《方物考》记载：

鱼类不可枚举，且有虾，有蟹，有蠯蛤，有螺蛳，所谓"海物惟错"也。最大者鳅，人不能取。潮退自失水者，骨可为梁，鳞可为箕，须末可为筋。最悍者沙皮，有沙，工人用以错器，故名。其翅味美，而猛恶噬人，泅水者遇之，必毙。海上畏之，号曰"海狼"。最早者鲨，又曰开凌鲨，冰始泮，即可得也。最少者鲟鳇，脂肉相间，大者重数十斤，渔人获之，以为奇货。次黑豸，海鲈鱼也，巨口四腮，细鳞，大者长二尺许。最多者银刀，鲜肥无鳞。次嘉，鲼似鲤。季春，偕鲳鲅、白鲞、黄鲖、偏口、重唇、瓶鲭等群至，若网户之秋收，木柎被海，海商贾云集，逾月方罢。

从以上记载中，我们可以看出古人对海产的认识。

鲍鱼古称鳆鱼、盾鱼，是一种贝类，是一种名贵的海产，既可以食用也可以药用。山东沿海盛产鲍鱼。

关于名人食鲍鱼的记载史不绝书。

鲍叔牙说人生有两大快事："一为食盾鱼，二为饮玲珑。"传说因为鲍叔牙爱吃，所以后来人们称盾鱼为鲍鱼。

除了鲍叔牙，王莽和曹操也爱吃鲍鱼。据《汉书·王莽传》记载："（王）莽忧懑不能食，亶饮酒，啗鳆鱼。"

宋代诗人苏轼，同样对鲍鱼钟情，还专门写下过诗篇，盛赞鲍鱼之珍贵，就是有名的《鳆鱼行》，节选如下：

渐台人散长弓射，初啖鳆鱼人未识。
西陵衰老缟帐空，肯向北河亲馈食。
两雄一律盗汉家，嗜好亦若肩相差。
食每对之先太息，不因噎呕缘疮痂。
中间霸据关梁隔，一枚何啻千金直。
百年南北鲑菜通，往往残余饱臧获。
东随海舶号倭螺，异方珍宝来更多。
磨沙沦沈成大嶵，剖蚌作脯分余波。
君不闻蓬莱阁下驼棋岛，八月边风备胡獠。

▲ 鲍鱼

诗中介绍了鲍鱼的食用和药用价值，透露出诗人对历史的慨叹和对鲍鱼的钟爱。古代文人墨客对海产的青睐，在作品上多有体现。正是因为有了这些生动的记述，才使得山东沿海地区海鲜"味道"流传至今，也让后人感受到人类与海洋物产的历史渊源。

齐鲁海味美

　　齐鲁位于我国北方的中纬度地区，气候温和，四季分明。鲁菜是中国八大菜系之一，由于其深厚的历史文化渊源，在我国八大菜系中居于前列。鲁菜起源于春秋战国，南北朝时期发展迅速，元明清时期已经成为独具特色的饮食流派。鲁菜味道浓厚，以咸味为主，因此，被称为北方菜中的"健汉"。齐鲁地域时令明显，在菜荟上随季节的变化而有新的味道。

　　胶东菜是鲁菜中的海洋风味菜，地域上以福山菜（因起源于福山县得名）著称，又称为福山菜、烟台菜。"要待吃好饭，围着福山转"的谚语说的就是福山菜。

　　烟台、青岛属于典型的沿海城市，海鲜极为丰富，在菜荟上以烹调海鲜见长。"鲜"是胶东菜的灵魂，在烹调方式上以保留鲜味为第一要义，在烹饪手法上主要采用扒、炒、煮、蒸、爆、熘等，充分保留食材的原汁原味。

　　鲁菜中的海鲜名品不可计数，鱼虾蟹贝种类繁多，烹饪手法百般变化，风味独特，色、香、味俱全。胶东菜在历史上几经演变，形成了以福山为代表的"本帮胶东菜"和以青岛为代表的"改良胶东菜"等。

　　"本帮胶东菜"是以传统胶东菜为代表，以烹制海鲜见长；"改良胶东菜"是近代以来受西方饮食影响而出现的胶东菜变种。现在胶东菜的地域差异逐渐缩小，烹饪手法不断创新，传统鲜味一直在延续。

两吃鱼

　　两吃鱼是鲁菜中的一道经典海产名菜，又称为"整鱼两吃"。

　　两吃鱼，一鱼双形，两色两味。食材主要采用新鲜的海鲈鱼，以肥肉、虾、胡萝卜等为配料。将新鲜海鲈鱼去鳞、鳃，清理内脏，切下鱼头后将鱼身一劈两半。将肥肉、虾剁成茸状备用。两片鱼采用不同的刀法、不同的配料，烹制出不同的鲜味。

▲ 两吃鱼

　　海鲈鱼在我国沿海均有生产，而在黄海、东海海域产量较多。由此，山东半岛的两吃鱼以海鲈鱼为主料，在其他地区会因地制宜采用其他鱼，如黄花鱼、偏口鱼等。海鲈鱼蛋白质含量丰富，味道鲜美，并具有健脾、补肾的功效。元人于钦在《齐乘》中就有山东海鲈鱼的记述：

　　昔常过之（博兴），爱其风景绝类江南，赋诗亭上，云："霜风收绿锦，万顷水云秋。海气朝成市，山光晚对楼。舟车通北阙，图画入南州。且食鲈鱼美，吾盟在白鸥。"其鲈虽小，亦四腮，不减松江。有莼菜，齐人不识，目鲈为豸鱼云。

▲ 海鲈鱼

　　赏海市仙境，品山东鲈鱼，鲜美的山东鲈鱼与松江鲈鱼相比更是别有一番风味。

鲅鱼水饺

鲅鱼水饺是胶东菜中将海鲜与面食结合的经典主食。

鲅鱼又名蓝点马鲛，主要分布在山东半岛南部沿海，属于暖水性上层鱼类，在海中游速较快，肉质肥美，含有丰富的蛋白质。鲅鱼在山东沿海地区饮食中地位较高，民间就有"山有鹧鸪獐，海里马鲛鲳"的盛赞。

鲅鱼水饺是胶东人家的一道家常主食，由于鲅鱼刺少肉多，骨刺容易处理，做水饺馅十分方便。

制作鲅鱼水饺的关键是鱼馅的调制。顺着鲅鱼的鱼骨将鱼肉取下，去除多余的小刺，将鱼肉切细，放入韭菜和大葱，再加上调料，鱼馅便调成了。适当加点肥肉泥可以增加鱼馅的鲜度。大葱在鲁菜中占据重要地位，不管是孔府菜，还是胶东菜，都以大葱调味。

鲅鱼以味道鲜美著称，在山东沿海地区具有重要地位，形成了与鲅鱼有关的文化习俗。鲅鱼每年有两个汛期 —— 春汛和秋汛，其中 5 月至 6 月为盛渔期。

▲ 鲅鱼水饺

▲ 鲅鱼馅

蓬莱小面

　　蓬莱小面是蓬莱的风味面食，以加吉鱼熬制高汤，将小面的筋道与加吉鱼的鲜美相配，让人们体味加吉鱼伴着主食的鲜香。

　　蓬莱小面是在福山拉面基础上发展而成的，不同于西北的拉面。蓬莱人称其为"摔面"。和面与制卤是蓬莱小面的重头戏。蓬莱小面的精华在于鲜鱼汤。

　　加吉鱼，又名真鲷、班加吉、嘉鲯鱼等，有红、黑两色之分。红加吉鱼象征着尊贵，多为贵客享用。加吉鱼在我国沿海均有生产，在山东主要分布在烟台、青岛等地，以产于烟台蓬莱的品质最佳。

　　加吉鱼在蓬莱具有深厚的历史渊源。据说，唐太宗游蓬莱仙境，曾品尝过这种名贵海产，并赐名为"加吉鱼"，取"大吉大利"之意。此后加吉鱼成为蓬莱海鲜名品之一，吃的人也越来越多。

　　宋朝的庞元英撰写的《文昌杂录》里就有对加吉鱼的记载："礼部王员外，言登州有嘉鲯鱼，皮厚于羊，味胜鲈、鳜，至春乃盛。"

▲ 蓬莱小面

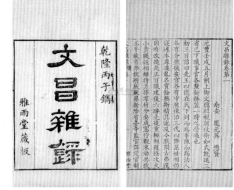

▲ 《文昌杂录》书影

爆鱼丁

爆鱼丁是胶东菜中由偏口鱼烹饪而成的海鲜名品。

偏口鱼，又名"比目鱼"，在古代就有关于这种鱼的记载。汉代韩婴曾在《韩诗外传》中记述："东海之鱼名曰'鲽'，比目而行，不相得不能达。"现在我国沿海各地均有偏口鱼分布，秦皇岛、青岛两地产的偏口鱼味道最佳。

偏口鱼，因形称义，据明杨慎《异鱼图赞》记载："东海比目，不比不行。两片得立，合体相生。状如鞋屦，鲽实其名。"正如文献记载，鱼身形状像鞋底，两眼都长在一侧，另外一侧贴向海底。两侧颜色不同，长眼的一侧呈深褐色，另一侧呈浅白色。看似外形奇特的偏口鱼，味道实属上乘。偏口鱼肉多刺少，肉质细腻，味道鲜美，烹调时多采用炸、烧、炖、煎的手法。

爆鱼丁属于烧制，是一道简单易做的偏口鱼美食。制作时，将偏口鱼清理洗净之后，切成肉丁，放入料酒和一些调味料，加入淀粉，在油锅内煎炸至八分熟，取出。再倒入葱、姜、冬笋等新鲜蔬菜爆炒，淋入芡汁，即可出锅。

▲《异鱼图赞》书影

爆鱼丁以偏口鱼为主料，也不乏蔬菜搭配，营养可口。偏口鱼除了味道鲜美外，更有医药价值。据李时珍《本草纲目》引孟诜《食疗本草》记载："气味：甘，平，无毒。主治：补虚益气力，多食动气。"

▲ 海参

葱烧海参

葱烧海参是鲁菜中的一道颇具盛名的海鲜名品。

海参是"海八珍"之一，中国四大海鲜名品之一。葱烧海参以海参为主料，配以章丘大葱，烹制出一道海鲜珍品。

葱烧海参，需选用上等的新鲜海参或优质水发干海参。海参经过简单处理后，水焯去腥。大葱切段备料，熬出特色葱油，再经过蒸、炒，一道葱烧海参就可以出锅了。

▲ 葱烧海参

"海中人参"海参，栖息在海底，以藻类为食。明朝的谢肇淛《五杂俎》中有关于海参命名的记载：

海参，辽东海滨有之……其性温补，足敌人参，故名曰海参。

清王士禛《香祖笔记》中有关于海参益补的记载：

人参益人。沙参元参，性虽寒凉，亦兼补。海参得名亦以能温补故也。生于土为人参，生于水为海参，故海参以辽海者为良。

山东沿海海域也有海参分布，所产海参品质上乘。海参的营养价值很高，是一味中药，据《本草纲目拾遗》记载，海参"味甘咸，补肾经，益精髓，消痰涎，摄小便，壮阳疗痿、杀疮虫"。

▲ 章丘大葱

韭菜海肠

　　韭菜海肠是山东沿海地区的一道海鲜名菜。

　　海肠体型呈管状，如手指般粗细，长度 10 ～ 20 厘米不等。海肠肉质鲜美，营养价值上可与海参媲美。

　　海肠配上嫩韭菜，鲜嫩爽口，色香味俱全。韭菜海肠这道菜制作简单：将鲜海肠清洗干净，去除两头，清理内脏，切成段状，经水焯去腥，去除海肠身上的黏液，再将嫩韭菜切成与海肠同样长度的段状。锅底放猪油，油热后放两样食材，翻炒数下。掌握火候是烧好这道菜的关键，烧制时间不宜过长，食材炒至脆熟即可出锅。

　　海肠不仅是美味的食材，更是调味的鲜品。据说，有一位福山厨师在京城的一家饭店掌勺，与其他厨师用同样的食材做菜，每次做出来的菜肴却总有一种不一样的美味，其他厨师深感疑惑。后来发现，福山厨师使用海肠粉来调味，以增添食材的鲜味。

▲ 韭菜海肠

炸蛎黄

炸蛎黄是烟台、青岛的一道传统名菜。

蛎黄即牡蛎肉。我国沿海均产有牡蛎，而在山东沿海更是常见，食用也非常普遍。牡蛎储存时间较短，以牡蛎为制作原料的菜肴都是现做现卖。将新鲜的牡蛎表壳清洗干净，掰开取肉，可加入调料腌制片刻，加入面粉搅拌，锅中放入适量猪油，油温热放入牡蛎，炸至金黄捞出，撒上椒盐，外酥里嫩、味道鲜美的炸蛎黄就可上桌了。

炸蛎黄方便易做，不管在餐馆还是寻常百姓家都十分常见。牡蛎又称"海蛎子"，"蛎子"与"利子"音同，有早生贵子的寓意。炸蛎黄是山东沿海地区婚宴喜庆的必备菜品。

▲ 炸蛎黄

牡蛎被称为"海中牛奶"，营养价值高，药用价值也很高，据《本草纲目》记载："牡蛎粉，气虚盗汗同杜仲酒服，虚劳盗汗同黄芪、麻黄根煎服。产后盗汗，麸炒研，猪肉汁服。"在《伤寒论》《千金要方》《外台秘药方》《博济方》《证类本草》《圣济总录纂要》等诸多医书中也有关于牡蛎的药方和疗效记载。

芙蓉蛤仁

我国食用蛤蜊的历史久远，在《宋诗钞》中有孔武仲《蛤蜊》：

去年曾赋蛤蜊篇，旅馆霜高月正圆。

旧舍朋从今好在，新时节物故依然。

栖身未厌泥沙稳，爽口还充鼎俎鲜。

适意四方无不可，若思鲈鲙未应贤。

芙蓉蛤仁以蛤蜊肉和鸡蛋清为食材，是一道鲜味十足的家常菜。

蛤蜊产量大，物美价廉，烹制工艺简单。将新鲜蛤蜊清洗干净后，在沸水中稍煮片刻，待蛤蜊壳打开即可。将蛤蜊肉从壳中取出，再用清水洗净蛤蜊肉上的沙粒。"芙蓉"的食材来源于鸡蛋清。将鸡蛋清放入调料均匀搅拌出蛋泡，蒸熟便是"芙蓉"。将蛤蜊肉、火腿、青豆放入锅中爆炒，勾芡炒熟，再放在"芙蓉"上，芙蓉蛤仁就完成了。

游览山东沿海地区不吃蛤蜊，枉行此程。胶州湾附近蛤蜊的产量大。蛤蜊在青岛有一个亲切的名字，读作噶啦（音 gá la）。鲜嫩的蛤蜊与清爽的青岛啤酒相遇，是山东饮食的一张靓丽名片。

▲ 蛤蜊

99

八仙宴

　　八仙宴是齐鲁传统的海鲜名筵，又名"八仙菜"，由八个热菜、八个拼盘和一个热汤组成，每道菜都是由一种海珍品烹制而成。

　　"八仙过海，各显神通"的神话传说吸引着无数游人探访蓬莱，八仙宴就是以八仙创设而成的八道菜肴。八个拼盘以八仙人物创设，主要是国老仙斋、仙姑荷花、国舅云板、钟离芭蕉、湘子玉笛、采和花篮、铁拐成仙、洞宾牡丹。八仙宴以海参、扇贝、大虾、海蟹、红螺、文蛤、真鲷等为主料，保留了各种海珍品的鲜味。筵席上，品味海产品的醇香，聆听长辈诉说着那流传已久的神话传说，既是一种味觉享受，也是一场难得的文化熏陶。

▲ 八仙宴

每一道海珍菜品的背后都有一段广为流传的佳话，为当地人的日常饮食留下了深深的文化印记。

胶东海鲜情

　　齐鲁胶东外承海洋奔放神韵，内续齐鲁传统风范。胶东菜既有传统鲁菜的经典色味，又不乏来自海洋的天然馈赠。胶东菜是齐鲁海洋味道的地域体现，以福山菜著称。

　　地道的胶东菜少不了鲜鱼的身影，而"无鱼不成席"恰恰是其海洋食俗的完美写照。

宴席海鱼风

在沿海人家的餐桌上，鱼是必不可少的一道菜。山东讲究用带鱼鳞的海鱼，有"无鳞不上桌"的习俗，并要以最后一道菜之名，上一道全头全尾的海鱼，民间称为"鱼扫席"，意味着连年有余。这类海鱼大都是人们生活中常见的鱼，如黄花鱼、加吉鱼、梭鱼、鲈鱼等。

关于鱼的摆放位置、吃法以及时间先后都有特定的规矩，有的地方是鱼头对首席，有的地方则是"头朝北，肚朝客（主）"。鱼的其他部位所对的客人也是意义不同，鱼肚对着文人，意味着他满腹诗书、才高八斗；鱼背对着武将，则是其顶梁柱的写照。在海鱼落桌之后，由主人动筷夹鱼眼给最尊贵的客人，以示"高看一眼"，并请其他客人享用这道美食。在吃鱼的过程中有客人不能翻鱼的讲究，俗称"客不翻鱼"。

▲ 炖海鱼

◀ 海鱼

虾贝小食美

在山东沿海地区的街头巷尾，处处可见各种海鲜。落潮后，商贩们在海边"赶小海"，满载海鲜而归。海鲜经过加工之后，被带到集市。这种带有海洋腥气的海鲜吸引着来往街市的人群。人们时常会品尝一下海鲜美食。

海鲜小贩会根据时节卖不同的海鲜，如在春季，叫卖桃花虾、乌鱼，卖海螺、板虾；夏季，卖海菜凉粉、海带；秋冬季，卖味道鲜美的螃蟹、海螺、海胆等。

蛤蜊是山东沿海地区贝类的一张特色名片，以青岛红岛所产最为有名。每年4月，是红岛蛤蜊收获的季节。红岛水质优良，有机物质丰富，适合蛤蜊的繁殖，形成了一年一度的"红岛蛤蜊节"。海边沙滩聚集了前来赶海的人们，渔民收获新鲜的蛤蜊，孩童挖蛤蜊嬉戏，红岛蛤蜊节上呈现了一幅海洋民俗的生机画卷。

▲ 海鲜

佳节海鱼情

在良辰佳节，山东沿海地区的人们有赠送海鱼的礼仪。

山东沿海地区的除夕之夜除了吃饺子，还会有一种形似鱼的馒头，叫作"面鱼"。在吃的时候还有特殊的讲究，一般吃其"鱼头"或"鱼尾"，预示着有头有尾、年年有余。在即墨则有"腐有鱼"即"福有鱼"的说法，指的是年夜饭要吃豆腐和鱼。

农历正月十三传说是海龙王的"生日"，山东海阳在这一天会举办一场精彩的祭海活动。海阳的沿海居民放鞭炮、扭秧歌，用锣鼓敲出渔民对来年丰收的期盼。渔民祭海少不了祭祀，猪、鸡、鱼都是必不可少的贡品，且在渔民精心贴上剪纸后呈现在人们面前。在锣鼓喧天的热闹氛围中，渔民感激过去一年的风调雨顺并期望来年再获丰收。

▲ 送鲅鱼

▲ 祭海习俗

　　在每年谷雨时节，鲅鱼进入人们的视野，这时新婚女婿要买新鲜鲅鱼给老丈人尝鲜。鲅鱼个头要大，并以双数送之，以示敬意。胶东送鲅鱼的习俗源于一个感人的故事。从前有一个叫小五的孤儿，被一个海边老人收养，老人看小五善良真诚，便将女儿许配给他。小五为报答岳父的恩情，每天都会出海打鱼献给岳父。后来老人渐渐衰老，临终前，女儿说小五打鱼马上就会归来，老人说："罢了，罢了。"老人离世后，小五悲痛欲绝。鲅鱼的"鲅"字音同"罢"也同"爸"，此谐音更升华其意蕴，人们被这个故事感动，开始形成给岳父送鲅鱼的习俗，并延续至今。

▲ 祭海习俗

每逢四月初八，在山东龙口沿海一带，刚过门的新媳妇要向婆家送两条金红色的加吉鱼。关于加吉鱼的命名，历史上有两种说法：一是汉武帝生日之际寻访海上仙境蓬莱，路途中遇到一条红色的鱼，便问随从此为何鱼。东方朔灵机一动脱口而出"加吉鱼"，并解释为帝王今日生日为一吉，遇上此鱼为加吉，故名为加吉鱼。另外一种说法与唐太宗有关。唐太宗寻觅海上仙境，遇到此鱼，问是何鱼，无人知晓，便赐名为加吉鱼。

▲ 加吉鱼

山东沿海地区还有一种长相奇特的鱼叫"孔鳐"，又称老板鱼。孔鳐体型扁平，形似板状，肉多刺少，肉质鲜嫩肥美，俗称为"板鱼"，后来引申为"老板鱼"。在山东沿海地区有新人喜结连理，新郎新娘要在大喜之日合吃一碗老板鱼，"老板"与"老伴"谐音，意在新人夫妇和和美美，长长久久。

山东沿海地区的重鱼情结在生活上体现得淋漓尽致，民间谚语说得好，"加吉头，鲅鱼尾，蛤鱼肚子鳍鳍嘴"，"吃了黑鱼肠，忘了爹和娘"。

齐鲁食俗远在孔孟时期就已见雏形。齐鲁海边人生于海边、长于海边，用双手创造地道鲜味，用心灵传承饮食内涵，用生命见证海洋魅力。

▲ 葫芦岛市兴城海滨

燕赵篇

YANZHAO DISTRICT

海鲜美食的历史轨迹

　　燕赵得名于战国七雄中的燕国和赵国，在本书中主要指河北以及北京、天津、辽宁。古书《禹贡》中《禹贡》篇所记载的冀州是对燕赵区域最早的记载，原文记载：

　　冀州：既载壶口，治梁及岐。既修太原，至于岳阳；覃怀厎绩，至于衡漳。厥土惟白壤，厥赋惟上上错，厥田惟中中。恒、卫既从，大陆既作。岛夷皮服，夹右碣石入于河。

　　燕赵古地，历史悠久，豪杰辈出，饮食文化呈现出多样的色彩。环渤海地区的饮食文化是历史上北方各民族饮食习惯融合的结果，具有一定的海洋韵味。

　　燕赵地区面朝渤海，以平原地形为主，物产丰富，所以食材多元，既有山珍海味，也有时蔬肉类。

▲
海鱼与鲜蔬

原始海洋贝丘遗迹

　　燕赵地区的贝丘遗址主要集中在辽东半岛，并与山东半岛有着千丝万缕的联系，两地的文化遗迹多有相似。辽东半岛的长海县是东北地区的海岛县，所辖海岛百余个，在此地考古发掘中发现诸多贝丘遗址，如小珠山遗址、上马石遗址、高丽城山遗址、郭家村遗址、大潘家村遗址、大嘴子遗址等。

　　小珠山遗址位于大连市长海县的广鹿岛中部吴家村西的小珠山东坡上。海岛居民就地取材，靠海吃海。在小珠山遗址中除了发现贝壳外，还发现了一些鱼骨，以及鱼钩等渔具。

　　上马石遗址位于长海县大长山岛上，背山靠海，是典型的海洋贝丘文化遗址。传说唐朝大将薛仁贵来到此地，将战马拴在石柱上，后人由此将该地称为上马石。上马石遗址距今约 6000 年，分为上、中、下三个文化层，属于新石器时代的贝丘遗址。在考古

▲ 上马石遗址

遗迹中发现诸多的陶制食器，还有鱼骨、锥、镞、簪等，以及网坠等石器。从这些考古遗存中可以看出，先民已经通过从事渔猎生产活动获取生活资料。

　　高丽城山遗址位于大长山岛上，也是典型的贝丘文化遗址，距今 4000 年左右，考古遗存与上马石遗址大致相似。

　　郭家村遗址位于大连市旅顺口区铁山镇郭家村，属于新石器时代的遗址。在考古发掘中，出土了大量贝壳，如蛤壳、牡蛎壳等，还有鱼骨和网坠。

  大潘家村遗址位于大连市旅顺口区，是一处由贝壳堆积形成的遗址，也称为"蚬壳地"。其贝壳堆积的厚度达 60 厘米，有牡蛎壳、蛤蜊壳、扇贝壳等。

  大嘴子遗址为辽东地区年代稍晚的海洋贝丘遗址，位于甘井子区大连湾街道东南的滨海土丘上。大嘴子遗址是大连具有显著渔猎文化特征的青铜时代贝丘文化遗址。在发现的陶器中，鱼头、鱼骨清晰可见。另外发现了许多由贝壳穿起来的装饰品。

  这些都从一定程度上说明，渔猎是此地渔民主要生产方式之一，部分海洋物产成为先民的食物来源。

▲ 贝丘遗址出土的蚌刀

115

海鲜美食的发展

　　燕赵地区的饮食文化以厚重和奔放著称，这和历史上北方游牧民族的畜牧和渔猎活动不无关系。绵延的山脉和辽阔的海域决定了畜牧和渔猎是其主要生产方式。唐朝时期，东北地区的少数民族建立了政权，唐玄宗封大祚荣为"渤海郡王"，后诏令其封地为渤海国。渤海国物产丰富，渔猎范围由内河向外海延伸，这主要得益于渔猎工具的不断进步。史料中曾记载了沿海渔民捕鲸鱼和养殖海产的历史。

　　《新唐书·渤海传》记载：

　　俗所贵者，曰太白山之兔，南海之昆布，栅城之豉，扶余之鹿，郑颉之豕，显州之布，沃州之绵，龙州之䌷，位城之铁，卢城之稻，湄沱湖之鲫。

渔民撒网 ▶

　　这句话记载了渤海国的各种"所贵者",其中的"南海之昆布"说的就是海带。此"南海"并不是现在所指的南海,而是朝鲜咸镜北道一带。

　　辽东半岛海洋物产多样,北宋的洪皓作有《松漠纪闻》,其中记载了许多物产,如螃蟹。原文记载:"渤海螃蟹,红色,大如碗,螯巨而厚,其跪如中国蟹螯。"

　　渤海西部的滨海城市天津,是我国北方重要的海港城市,以渤海湾为门户,历史上是北方漕运的重要枢纽。天津的"津",在古代是渡口的意思。天津原是隋朝南运河与北运河的交汇处,再加上靠近渤海湾的海河便形成了著名的"三会海口",具有较高的航运价值。除此之外,天津的古遗迹贝壳堤,是世界三大贝壳堤之一。按时间先后,可将贝壳堤分为四道,最早的遗址距今4000年左右,最晚的一道可追溯至明清时期。

　　早在唐朝,天津就成为南、北方粮运的水陆码头;元朝设海津镇后,成为北方的军事重镇和漕运中心。明朝在边疆实行卫所制度,这一时期天津被称为"天津卫",仍是沟通南、北方漕运物资的要道。

中华海洋美食
THE SEAFOOD OF CHINA

　　因此，在饮食上京津菜系呈现出多元化的气象。北京的官府菜汇集南北各地的山珍海味，其食材的多元、菜品的丰富在一定程度上即得益于天津漕运所发挥的作用。

　　天津的地域优势，除了其极佳的漕运功能，还有丰富的渔业资源。明人撰写的《直沽棹歌》记载了津门海河有渔村分布：

　　云帆十幅下津门，日落潮平不见痕。

　　苇甸茫茫何处泊，一灯明处有渔村。

▲ 清朝时期的天津

　　天津海珍名产种类繁多，以河、海两鲜著称，据康熙《天津卫志》记载："按津邑濒海区也，民以盐为业，鱼利与盐同。所捕鱼不下三十种。"民间俗语称："吃鱼吃虾，天津为家。"天津海产季节时令十分明显，如夏吃比目鱼、秋吃刀鱼、冬吃银鱼；春吃海蟹、秋吃闸蟹、冬吃紫蟹……

　　天津海产中最为出名的就是银鱼。银鱼在天津与铁雀齐名。清人唐尊恒作诗赞曰：

　　树上弹来多铁雀，冰中钓出是银鱼。

　　佳肴都在封河后，闻说他乡总不如。

　　在古代，银鱼是为皇室准备的贡品。明朝时期，御膳房会派人到天津三岔口捕获银鱼，可见皇帝对银鱼的青睐。

　　盛产海鲜的天津，盐场也十分兴盛。天津滨海盐场设置历史久远，早在西汉时期，天津沿海就设置了盐业的管理机构。

　　天津海滨较著名的盐场是宝坻盐场。金代时期，宝坻盐场开始兴起。后来，盐业的兴盛也为海鲜食品的贮存提供了便利条件。

▲ 银鱼

　　环渤海的燕赵地区，历史文化底蕴深厚。厨师巧匠利用各色食材演绎了一道道精美的菜荟，不断满足着人们的味蕾。

大连海滩

燕赵饮食中的海洋味道

京津菜的海味

京津地区是燕赵古地的政治中心，不少王朝定都于此，同时也将各地美食汇聚于此。京菜和津菜虽不在我国八大菜系之列，却汇集八大菜系之所长，形成了独特的地域风味。

北京菜简称京菜，又名"京帮菜"。北京不仅全国的美味汇聚，而且各地名厨云集，可谓群英荟萃，不出北京就可以品尝各地美食。

京城中有许多山东人、江浙人在朝中做官，他们将家乡的饮食文化也带到了北京。鲁菜和浙菜中的海鲜名品随之传入。丰盛的京菜名品，烹饪手法花样繁多，白煮烧烤、熘烩蒸煨、煎炒烹炸，不一而足。京菜中的海鲜珍品多是宫廷菜，如蟠龙黄鱼、游龙戏凤、海红虾唇、蛤蟆鲍鱼、黄焖鱼翅等。

▲ 宫廷菜

天津菜简称津菜，又名"津门风味"。津菜吸收官府菜、宫廷菜之精华，形成独特的津门美味。津菜的起源与天津的漕运和盐业的兴盛有密切关系。元明时期，天津漕运兴起，南、北方饮食文化的交流为津菜的形成奠定了基础。天津菜以烹饪河、海两鲜见长，讲求时令，技法全面独特，注重火候，口味咸鲜，菜品色、香、味俱全。津菜名品五光十色，具有"津派二十四帮派"的盛名，最为天津人称颂的就是"海鲜八大碗""四大扒"和"冬令四珍"。

▲ 反映天津漕运的画作

蟠龙黄鱼

蟠龙黄鱼是京菜中的特色菜肴，据说为三国时期东吴孙权的妹妹孙尚香所创。

三国时期，东吴沃野千里，刘备借荆州之地。东吴孙权和周瑜想将荆州要回，便想出了与刘备联姻的策略。刘备答应联姻。在刘备与孙尚香完婚之后，周瑜和孙权想取刘备的性命，被孙尚香发现。孙尚香决心保护丈夫刘备。孙尚香看刘备思虑深重，便为他做了这道蟠龙黄鱼，意指刘备为真龙天子，将成大业。

▲ 蟠龙黄鱼

蟠龙黄鱼以大黄鱼为主料，配料包括海参、鲜虾仁、冬笋、青豌豆、火腿等。将新鲜的黄鱼清理干净，去掉中间的大骨和胸部的细刺，将鱼肉剞成菱形状的花刀，配上料酒、味精等佐料加以腌制。把鱼放入用鸡蛋、淀粉调成的稠糊中，然后提着鱼尾将其放入油锅中炸。炸透取出，放入盘中，用香菜和鸡蛋点缀摆盘。最后在黄鱼身上浇上调制好的汤汁，这道蟠龙黄鱼就完成了。

蟠龙黄鱼是京菜中的一道经典菜肴。黄鱼肉质鲜嫩、色泽金黄、鲜香四溢，配上冬笋和青豌豆，让食客们垂涎欲滴。

海鲜八大碗

　　海鲜八大碗来源于天津的八大碗，是津菜中的特色佳肴，也是各餐馆的招牌菜。

　　八大碗以肉食、河海两鲜为主料，但随着季节时令的变化，一些食材并不能轻易获取，因此由八大碗衍生出各种时令食材的八大碗。

　　天津河海虾蟹种类丰富，季节时令明显，春吃黄花鱼和海蟹，夏吃对虾，秋吃青虾与河蟹，冬吃银鱼和紫蟹等。随着饮食的发展走向多元化，天津的海鲜八大碗已经发展为没有统一的菜系标准，可以根据时节形成不同风味的八大碗。

黄焖鱼翅

　　黄焖鱼翅为京味名菜，是北京最负盛名的"谭家菜"的海鲜名品。

　　谭家菜起源于清末。传说，谭姓官宦世家的谭宗浚喜爱各种珍馐美味，在中榜眼之际，他到大江南北，尝遍了美食，其子更是对美味有别样的追求，因此谭家厨房做菜精益求精，集各地饮食之所长。

　　谭家菜以烹饪海鲜见长，海鲜佳肴名扬四海，而黄焖鱼翅是招牌菜之一。谭家将黄焖鱼翅呈给皇上，皇上品尝后大赞其美味，并将其列入御膳。后来谭家菜在北京家喻户晓，有俗语称"戏界无腔不学谭（指谭鑫培），食界无口不夸谭（指谭家菜）"。新中国成立后，黄焖鱼翅成为国宴名菜，品尝过它的外国友人无不赞不绝口。

▲ 黄焖鱼翅

鱼翅取自鲨鱼的鳍，是一种非常名贵的海珍品。黄焖鱼翅以上等的水发鱼翅为原料，再加上老母鸡、鸭、干贝等配料，经过清理、水焯、蒸煮、煸炒一系列工序，最后勾芡完成。黄焖鱼翅鲜嫩爽口，色泽鲜亮，汤汁浓醇，营养丰富。当然，从保护自然生态的角度，我们建议不食鱼翅。

▲ 鱼翅

125

高丽银鱼

　　高丽银鱼是天津传统名菜。银鱼是渤海特产之一，生长在渤海湾的咸水中。

　　每年冬季是食银鱼的最佳时节，据民国《天津县新志》载：

　　鱼类多常品，惟银鱼为特产。严冬冰冱，游集于三岔河中。伐冰施网而得之，莹洁澈骨。其味清鲜，非他方产者所可比，唯过时即绝。

　　明清时期，银鱼作为朝廷的贡品，为皇家所钟爱。

　　银鱼无鳞、肉质白嫩。高丽银鱼又名"炸银鱼"，以高丽糊（又称发蛋糊，是由蛋白加工而成，与韩国无关）将银鱼裹而温炸。将银鱼清理干净，放入葱、姜等调味料腌制片刻，再将银鱼放入油锅炸至六成熟，颜色微黄即可，与椒盐和酱料搭配食用，味道更佳。

▲ 高丽银鱼

银鱼除了干炸，在史料记载中多为炒食。据《清稗类钞》记载："银鱼炒食甚嫩……以酱水炒之颇佳，或以鸡蛋同炒。"白汁银鱼也是天津的一道传统名菜。白汁采用的是鲜牛奶调汁，不加任何带颜色的调料。乳白的汤汁配上鲜嫩的银鱼肉，质嫩爽口，回味无穷。

银鱼的精巧与美味让历代诗人都为其书写赞美的诗篇，如宋代诗人杨万里作《食银鱼干》，描写了雪白的银鱼，小巧似叶状，柔嫩爽口。诗人这样写道：

初疑柘茧雪争鲜，又恐杨花糁作毡。

却是翦银成此叶，如何入口软于绵？

▲ 银鱼

辽宁菜的海味

辽宁菜属东北菜，即辽菜。辽宁菜的历史非常久远，据《周礼·职方氏》记载：

> 东北曰幽州，其山镇曰医无闾，其泽薮曰貕养，其川河沸，其浸菑时，其利鱼盐，其民一男三女，其畜宜四扰，其谷宜三种。

辽宁物产丰富，山珍海味样样齐全，牛羊、海鲜肉肥味美。辽宁菜吸收了宫廷菜、东北少数民族的饮食风味，以及鲁菜、京菜等各派菜系之所长，形成了独具风格的菜品。辽宁菜同北京菜一样存在不同层次的名菜佳肴，有沈阳盛京的宫廷菜、官府菜、市肆菜、民间菜等。

辽宁菜以沈阳的奉派菜系和大连的海鲜为代表，味道以咸鲜为主，味香色亮，手法以炖、烧、熘、扒、爆为主。大连等沿海城市的菜荟以烹饪海鲜见

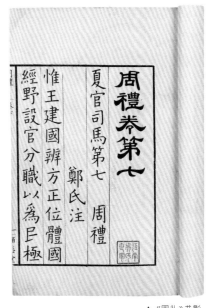

▲《周礼》书影

长，讲求保留食材的原汁原味，海鲜佳肴鲜嫩爽口、芳香四溢。辽宁菜中的名菜种类繁多，而海鲜名品也是数不胜数，如灯笼海参、鲜贝原鲍、爆大虾、红梅鱼肚、红鲷戏珠等。

㸆大虾

㸆大虾是大连传统海鲜名菜。

"㸆"是辽菜的一种烹饪手法，有熟㸆和生㸆之分。不管是哪种做法，都要将生食材或熟食材，以文火慢慢收汤汁㸆成。

㸆大虾是辽菜中的家常菜，食材简单、做法简便。把鲜大虾的虾枪和虾须去掉，清洗干净，沥干水分。放入锅中用小火煎，再加入葱、姜两面煎熟。在锅中放入糖和水，小火慢慢㸆，最后收汁、摆盘。色泽鲜红的大虾，味道诱人，鲜美多汁，食后口齿留香。

▲ 㸆大虾

▲ 大虾

鲜贝原鲍

　　鲜贝原鲍是辽菜中的特色海鲜菜。

　　鲜贝原鲍以扇贝和鲍鱼为主料，采用炒拼的手法烹制而成。其食材还有冬笋、西兰花、西红柿、香菜、豌豆等配料。将鲍鱼、扇贝清洗干净，将鲍鱼肉从壳中取出。鲍鱼壳在沸水中煮过后作为摆盘的装饰。用配料调制汤汁，鲍鱼、扇贝经过水焯、煸炒、滑油、勾芡、收尾摆盘，鲜嫩爽脆、色泽鲜亮的鲜贝原鲍就完成了。

▲ 鲍鱼

扇贝 ▶

灯笼海参

灯笼海参是辽菜中的创新菜肴，是一道讲求刀工和造型的海鲜名品。

灯笼海参以虾作为"灯笼"的外壳，把鱼做成鱼丸作为"灯笼"的灯芯，造型独特、极为美观。灯笼海参曾获全国第二届烹饪大赛热菜的金奖，盛名远播。

灯笼海参的精华在于刀工的运用和色泽的搭配，因此做好这道菜需要具备一些专业的技能。

灯笼海参以海参、净牙片鱼和竹节虾为主料，再加上胡萝卜、香菜、黄瓜、西芹等时蔬作配料，将海参切成片状，将鱼肉剁成鱼茸做成鱼丸，将虾仁摆在鱼丸之上，把海参片放入锅中煸炒，加汤、勾芡烧熟即可，最后将蒸熟的"灯笼"摆在海参周围。

◀ 海参

红鲷戏珠

红鲷戏珠是辽菜名品，属于东北市肆菜。

红鲷戏珠以鱼肉、火腿、冬笋、香菇、香菜等为食材，"戏珠"的"珠"是用鱼茸做成的鱼丸，且鱼丸在与不同食材的融合下呈现出不同的颜色——分别用蛋黄和青菜叶做成黄、绿、白三色的鱼丸。将新鲜的红鲷清洗干净，在鱼身上剞出花刀，在沸水中稍烫使其成型。将各种配料切丝放在红鲷身上，一起入锅蒸熟，出锅摆上三色鱼丸，最后浇上调好的汤汁。

红鲷戏珠是一道将加吉鱼的鲜味发挥得淋漓尽致的菜品，三色鱼丸将时蔬、肉蛋与鱼茸结合起米，既美味可口又营养丰富。

▲ 红鲷

▲ 小渔船

河北菜的海味

河北菜又称冀菜，其中的京东沿海菜为海味代表。

河北菜历史悠久。到了元明清时期，河北菜受北方宫廷菜系、官府菜系和少数民族饮食之风的影响，饮食文化不断创新发展。

京东沿海的海味以河北所处的华北平原为根基，以渤海为门户，以唐山、秦皇岛为代表，汇集海陆精品，山珍海味种类繁多。秦皇岛的梭子蟹、刺参、对虾等都是渤海的特色海产品，食材的丰富为京东沿海菜提供了充足的食材。除此之外，还有各种地方特色调味料，比如隆尧香葱、永年大蒜、保定香酱等。这些食材和调料为河北菜品增色添味。

京东沿海菜系延续了传统河北菜的烹调手法，扒炸爆炒、煨炖焖烧。京东沿海菜口味仍是以咸鲜为主，但也少不了点心甜食的身影。河北菜厨师善刀工，刀法精细，使得菜品栩栩如生。其以烹饪海鲜见长，并将河北菜精细的刀工运用其上，可食且可观。此地海鲜名品多不胜数，如彩蝶戏牡丹、竹节鱼米、秦皇烤鱼、烹大虾、酱汁瓦鱼块、群龙戏珠等。

中华海洋美食

THE SEAFOOD OF CHINA

彩蝶戏牡丹

彩蝶戏牡丹是秦皇岛名菜，制作精美，味道上乘。

"彩蝶"为渤海小对虾，"牡丹"是渤海的大对虾，再加上蟹黄、花叶作为点缀，经过刀切、点缀和淋汤等一系列工序，制成这道鲜嫩可口的佳肴。

竹节鱼米

竹节鱼米是与彩蝶戏牡丹齐名的海鲜名品，同样讲求刀工与搭配，外形精美。以黄瓜雕成竹节的样式，将鱼肉切成米丁状，放调料腌制片刻。将"竹节"在沸水中汆熟，放入"鱼米"，这道竹节鱼米就完成了。"竹节"的翠绿配上乳白的"鱼米"，色泽鲜亮。"竹节"的脆爽与质嫩，食后让人口齿留香、意犹未尽。

酱汁瓦鱼块

　　酱汁瓦鱼块是河北传统名菜，属于补虚的养生菜，也是京东沿海菜的代表。

　　酱汁瓦鱼块是一道简便易做、老少皆宜的家常菜。酱汁瓦鱼块可选用海鱼，也可选用淡水鱼。将鱼顺着鱼背、鱼骨，切成 3 厘米的小块，用淀粉加上各味调料做成面糊。将鱼块放入面糊中，依次下入油锅，炸至浅黄即可出锅。在留有少许油的锅中，放葱、姜、蒜和豆瓣酱，炒出香味，将汤汁淋在鱼上，这道颜色鲜亮、外酥里嫩的酱汁瓦鱼块就可以出锅了。

▲ 酱汁瓦鱼块

秦皇烤鱼

秦皇烤鱼是秦皇岛风味菜肴，也是京东沿海菜中的海鲜名品。

以秦皇烤鱼著称的度假村位于秦始皇求仙入海的遗址处，故名秦皇烤鱼。据《史记·秦始皇本纪》记载，秦始皇三十二年（前215年），"始皇之碣石，使燕人卢生求羡门、高誓"。明朝时在碣石设"秦皇求仙入海处"的石碑，秦皇岛因此得名。

秦皇烤鱼采用的是渤海特产的气泡鱼烤制而成。气泡鱼也就是暗纹东方鲀，身体浑圆，体表无鳞。在捕获气泡鱼时，鱼身变为球形，因而得名为气泡鱼。气泡鱼小巧可爱，但体内有一定的毒素，若挑选不当或处理不净就会有中毒的危险。将气泡鱼处理干净，放入各种调味料后，放火上烘烤，烤至两面金黄。酥脆可口的烤鱼，肉质肥美、鲜香四溢。

▲ 秦皇烤鱼

群龙戏珠

　　群龙戏珠是河北传统风味菜肴，也是唐山菜的代表，造型独特。以大虾作龙，以鸽蛋作珠，好一派活灵活现的群龙戏珠。这道菜是以鲜味为基础，而精华在于摆盘和刀工。

　　群龙戏珠以大虾、鸽蛋为主料，以燕赵特有的爆制手法制成。将大虾清理干净，去除虾线，从尾部切成两段。鸽蛋煮熟去壳备用，将大虾放入锅中，加入各味调料，以慢火爆透。出锅摆盘。将黄瓜削成花状，在鸽蛋上浇上汤汁，一道精美的群龙戏珠便可食用了。

　　香脆可口的金黄大虾，配上鲜嫩乳白的鸽蛋、翠绿的黄瓜，真是一种美的享受。群龙戏珠承袭了燕赵宫廷菜的讲究做法。善刀工、重色系、讲食膳，这道美食在能工巧匠的技艺下，变得鲜活多姿。

群龙戏珠 ▶

海洋食俗的灵动趣味

　　燕赵的海洋饮食沿袭传统宫廷菜的华丽、官府菜讲究的工序以及市肆民间小吃的灵动趣味。燕赵沃野千里，食材丰富，山珍海味俱全。不管是京津菜、辽宁菜还是京东沿海菜，都是取天地间食材之精华，配上各种花刀，加上各色时蔬、海鲜、畜肉，堪称玉盘珍馐。

▲ 合家欢

满族全鱼宴

　　燕赵沿海的人们因地制宜、就地取材，将从河海捕捞的各种鱼类做成全鱼宴。满族全鱼宴久负盛名。

　　满族先民靠水而居，长期从事渔猎活动。鱼成为满族人家餐桌上经常出现的菜品。乾隆皇帝东巡时作《盛京赋》称赞盛京物产富饶，原文记载：

　　陆珍既物，海错亦繁。鲤鲂鳟鲦，鳗鲫鳙鲢，鲦鲴鳢鳠，鲍鲭鲇鳝，比目分合，重唇浮湛，剑饰鲛翅，柳炙细鳞。牛鱼之长丈计，带鱼之白韦编，乌鰂之须粘石，渡父之喙碇船。

　　鲤鲂鳟鲦，鳗鲫鳙鲢，鲦鲴鳢鳠，鲍鲭鲇鳝……一桌全鱼宴，所用的鱼类不下数十种，有汤、有菜，还有鱼肉水饺作为主食，不管是淡水鱼还是海鱼，都鲜味扑鼻。

　　厨师不仅选取多种鱼类，还选取鱼身上最好吃的部位来做菜，将鱼的鲜味进一步升华。如镜泊湖一带的满族渔民，将不同鱼不同部位的美味，编成了谚语：

　　鲫鱼肚，虫虫嘴，

　　鳌花身子，鲇鱼尾，

　　胖头的脑袋味最美，

　　湖鲫吃脊肉，

　　红尾美味在汤水。

　　这句谚语虽然说的是淡水鱼，但也反映了渔民的智慧。通过谚语，人们加深了对鱼不同部位的认识，也丰富了满族全鱼宴的菜品。常见的全鱼宴有生鱼席、鲤鱼席、海参席……

食海鸟蛋的传说

每逢端午节，辽东长海县的海岛上，都有吃海鸟蛋的习俗，这源于一则传说。

传说古时候有一群海盗在海岛上岸，走进了姜姓渔郎的家里，强行要求为其做饭。然而姜渔郎却靠自己的聪明才智打败了海盗，为民除害。

海盗命令渔民们要快速做出饭来，晚一会儿便要杀人。机智的姜渔郎暗中指示妻子用大黄米做成干饭，让海盗趁热吃黄米饭并配上凉糖水。海盗吃得欢喜有余，没想到热黄米饭在肚子里发热，把肠胃烫坏了。姜渔郎趁机冲着其他渔民高喊："捕盗官船进岛喽！"海盗们吓得仓皇离开海岛逃到了海上。岛上渔民称赞姜渔郎的聪慧，好奇他为什么会这么聪明。普通渔民吃的是海鱼虾蟹螺，有人认为他是因为吃了海鸟蛋，才变得聪明。后来人们也开始食用海鸟蛋，希望像姜渔郎那样聪明。

如今，保护海鸟成为越来越重要的生态议题，食海鸟蛋的风俗也逐渐消失了。

▲ 海鸟蛋

盖房食俗

辽南鱼羹起源于渔民为建房工人准备的饭菜。

相传在辽南沿海的小渔村，住着一位富有且心地善良的老太太，请木瓦匠为其修缮房屋。看到匠人们辛苦劳作，老太太用家中最好的食材为匠人做饭。看到匠人们吃饭很着急的样子，老太太做鱼的时候就把鱼刺挑出来。她把剔好鱼刺的鱼肉给匠人吃，或用鱼肉做汤面。老太太辛勤地为匠人们准备食物，却遭到匠人们的误解，认为那是吃剩的鱼肉渣。心怀愤怒的木瓦匠使老太太的房屋逐渐破落不能居住。

▲ 辽南鱼羹

后来老太太一无所有，不得不沿街乞讨，正巧碰上了以前为她修缮房屋的木瓦匠。这些匠人便故意问起她："您这么富有，怎么在这儿乞讨？"老太太只好说起了当年好心没好报，为木瓦匠做饭还遭误会的事。匠人们听了非常后悔，决心送老太太回家，为她建造一座新房子。

此后，老太太又过上了幸福红火的生活。这道鱼羹的做法流传下来，成为沿海渔民招待木瓦匠的特色饮食，并且成为沿海居民喜爱的民间小吃。

海上渔歌

渔歌是沿海渔民的生活写照，唱起来朗朗上口。

海上渔业的捕获量是由多种因素决定的，潮汐的变化就是其中之一。海上潮汐多变化，聪慧的渤海渔民，便用渔歌谚语的形式将潮汐的时间变化总结流传下来。下面这首渔歌就道出了潮汐的变更：

初八二十三，早晨后晌干。十七、十八大清潮，二十四五乱搅锚。

初一十五两明落，半夜晌午潮。二十七八两流不佳。

潮汐如何来变更，它与月亮朔月同。

海产的季节时令非常明显，鱼类的捕捞期大不同，沿海渔民为了能方便捕捞，便将不同时节的海产记录下来，编成了渔谚：

布谷鸟叫，鲅鱼到；马兰花开，黄花鱼来。

四月里，开桃花，海参鲍鱼岸边爬。

六七八月多大雨，踏浪出海甩鲅鱼。

八月十五月儿圆，海里对虾上了滩。

日头碰到西山头，大鱼小鱼都上钩。

鱼找鱼，虾找虾，行船全靠船老大。

说到打鱼，必然少不了捕鱼能手。下面这首渔歌就记录了渔民出海打鱼的情形：

东南风，西北浪，出南海，过山冈。

红白净子，豹子眼，白汗褡，大布衫。

扯起蓬，抢起桨，膀靠膀，肩靠肩。

东道走，西道往，海参崴，撒大网。

打好鱼，大马哈，扠海参，拧海菜。

鹦嘴靰鞡，脚上拴，翻山越岭，把家还。

获丰收，祭祖天，吉祥如意，太平年。

▲ 打鱼归来

145

这首渔歌是由满族人用满语唱出的，现在已经成为一首民俗歌曲。歌中的打鱼细节，让人如同身临其境。

还有一首渤海渔歌，唱出了海上捕捞的生动场景。海鱼虾蟹仿佛在眼前跃动，为海上渔民增添了动力。大鱼汛时期，满是"黄金"的海面，千万条船只都装不完，留下渔民满是笑容的脸庞。

对虾长，螃蟹圆，

黄花鱼打挺片连片，

鲅鱼成群把海翻。

大鱼汛，满海金，

一层倒比一层深，

千船万船装不尽。

渔民唱，渔民乐，

脖子后面是笑纹。

渔船切开千层波。

千丈浪，万丈浪，

渔业跃进潮更高。

鱼鳖虾蟹无处逃。

▲ 海鲜

全鱼宴、食海鸟蛋、辽南鱼羹、海上渔歌，在宴席间透露着人与海洋的相谐。燕赵饮食呈现出兼容并蓄的形态，不管是京津菜、辽宁菜，还是京东沿海菜，每一道美食都浓缩着深厚的人文情怀，饱含着沿海渔民辛勤的汗水。餐桌上鲜香的各味海产品，凝聚的更是人的智慧、海的味道。

图书在版编目（ＣＩＰ）数据

　　中华海洋美食 ／ 杨立敏主编．－青岛：中国海洋
大学出版社，2017.6
　　（"舌尖上的海洋"科普丛书 ／ 周德庆总主编）
　　ISBN 978-7-5670-1430-5

　　Ⅰ．①中… Ⅱ．①杨… Ⅲ．①海产品－饮食－文化－
中国 Ⅳ．①TS971.202

中国版本图书馆CIP数据核字（2017）第125441号

本丛书得到"中央级公益性科研院所基本科研业务费重点项目：
典型水产品营养与活性因子及品质研究评价2016HY-ZD08"的资助

中华海洋美食

出 版 人	杨立敏		
出版发行	中国海洋大学出版社有限公司		
社　　址	青岛市香港东路23号		
责任编辑	王　晓　　电话　0532-85901092		
图片统筹	徐颖颖		
装帧设计	莫　莉		
印　　制	青岛海蓝印刷有限责任公司	邮政编码	266071
版　　次	2018年1月第1版	电子邮箱	469908342@qq.com
印　　次	2018年1月第1次印刷	订购电话	0532-82032573（传真）
成品尺寸	185 mm×225 mm	印　　张	10.125
字　　数	135千	印　　数	1-5000
书　　号	ISBN 978-7-5670-1430-5	定　　价	35.00元

发现印装质量问题，请致电0532-88785354，由印刷厂负责调换。